U0948393

家风和畅系列

重义守信立根本

家信篇

姜正成◎主编

中国财富出版社

图书在版编目（CIP）数据

重义守信立根本：家信篇/姜正成主编. —北京：中国财富出版社，2015.2
（家风和畅系列）
ISBN 978-7-5047-5473-8

Ⅰ.①重… Ⅱ.①姜… Ⅲ.①品德教育-家庭教育-中国-通俗读物
Ⅳ.①G78-49

中国版本图书馆 CIP 数据核字（2014）第 273690 号

策划编辑	宋　宇	责任印制	方朋远
责任编辑	刘　晗	责任校对	杨小静

出版发行	中国财富出版社		
社　　址	北京市丰台区南四环西路 188 号 5 区 20 楼	邮政编码	100070
电　　话	010-52227568（发行部）		010-52227588 转 307（总编室）
	010-68589540（读者服务部）		010-52227588 转 305（质检部）
网　　址	http://www.cfpress.com.cn		
经　　销	新华书店		
印　　刷	北京柯蓝博泰印务有限公司		
书　　号	ISBN 978-7-5047-5473-8/G·0594		
开　　本	640mm×960mm　1/16	版　　次	2015 年 2 月第 1 版
印　　张	15.75	印　　次	2015 年 2 月第 1 次印刷
字　　数	258 千字	定　　价	38.00 元

前言

“一言既出，驷马难追”“一言九鼎”“一诺千金”“言而有信”“言出必行”，这些流传了千百年的古话，一直激励鞭策着世世代代的中国人，承诺什么就兑现什么，答应什么就履行什么。

中华民族向来以文明古国、礼仪之邦著称于世。中华民族的传统美德是中华民族在漫长的历史进程中所形成的道德精华，是中华民族生存、发展的强大精神动力。翻开中国历史的长卷，寻踪觅迹，不难发现，中华民族传统美德纵贯华夏文明几千年，源远流长，是中国传统文化的重要组成部分，其中就包括诚信的美德。

什么是诚信？诚信，即诚实守信。从词源上看，中国传统文化的“诚信”一词，出现得很早。比如春秋时期的《管子·枢言》中就有“先生贵诚信。诚信者，天下之结也。”后来《荀子·不苟》中也出现“诚信”概念，“公生明，偏生暗，端悫生通，诈伪生塞，诚信生神，夸诞生惑”。

中国传统儒家伦理中的诚信，一直被视为治国平天下的前提，是人们必须遵守的道德规范。在中央电视台记者对人们进行家风调查时，“诚信”二字出现频率最高，约占 40%。

诚信是人类共同的德行要求，之所以产生这种要求，是因为人们需要对周围人的行为、对所处的社会环境有一个正确的评价标准。诚信与虚伪相对，“著诚去伪，礼之经也。”中华民族历来就崇尚诚信的品德，把诚信视为伦理道德的基础。诚信的特征是实事求是，言行一致，表里如一。“言必信，行必果”指的就是人们在交往中，说话要讲信用，不避利害，用果断的行动去兑现，要具有坚守信用的美德。

诚实守信渗透到政治生活领域可以形成坚定的政治信念，为信守真理无私无畏，大义凛然，视死如归；为官清廉刚正，不阿谀奉承，大胆直言，敢说真话，甚至犯颜直谏；任人举荐，外不避仇，内不避亲，唯贤是举，唯能是用；用人之道，以诚相待，用人不疑，疑人不用，等等，无一不是实事求是在政治领域的表现。

诚实守信渗透到社会各个行业之中就形成光辉闪耀的职业道德，科学研究中的实事求是、坚韧不拔、勇于探索的精神，商业活动中的货真价实、保质保量、公平交易、童叟无欺的品质，忠诚教育事业、教书育人、诲人不倦、奉献爱心的高尚师德，保家卫国、不怕流血牺牲、无私奉献的军魂，等等，无一不是履行诺言、忠于职守的崇高道德行为。

本书通过古代格言和诚实守信的故事，教育当代人应以革命前辈和英雄模范人物为榜样，继承、发扬诚实守信的家风。

目录

 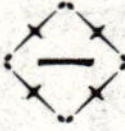 

第一章

诚信为本：诚信家风代代传

诚实守信是做人的基本准则，是中华民族的优良传统，是一个人道德品质的具体体现。诚信是表现人格的特征的一种道德品质，以说真话、对人对己都不隐瞒事实真相为行为准则。

第 二 章

诚信立身：万事须以诚字立

“信”有两层含义：一是受人信任；二是对人讲信用。人在群体中生活，只有人人讲信用，建立起人与人之间的互信，社会才能正常地运行、发展。这就是“人而无信，不知其可也”的道理。诚信是天道之本然，也是人道的根本。

第 三 章

以诚交友：人际交往信当先

在这个世界上，每个人都需要朋友，都渴望在芸芸众生中找到知己。但是，在择友、交友、待友时，我们必须遵循一个原则，那就是诚信。正如《论语·学而》中所说的那样：“与朋友交，言而有信。”只有这样，才能获得“三杯吐然诺，五岳倒为轻”般的珍贵友谊。孔子说：“德不孤，必有邻。”讲诚信的人是不会孤单的，一定会有志同道合的人来和他相伴。

第四章

言出必行：言行一致才是真

有什么样的家风，往往就有什么样的做人做事态度、为人处世伦理。对于不少人来说，家风甚至影响和决定了他的一生。家长应当做表里如一、言行一致的表率，做到家里家外一个样，用家风培养孩子一言九鼎的做事风格。

第五章

以信得民：得民心者得天下

古代儒家论“信”，往往与“诚”相联系。“诚”在社会生活中的直接表现就是“信”，建立在“诚”的基础上的信任才是真正而持久的信任。从领导者从政的角度来看，“信”是为政的基础，民众的信任是政治成功的关键。领导者要以自身的守信来赢得民众的信任。

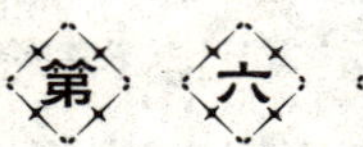

第六章

商业之本：诚信才能生德业

诚信是金融业的根本要求，是金融道德的核心价值。尽管有些行业也同样强调诚信，但金融业对诚信的推崇尤为突出。因为金融业的主要功能是融通货币，货币乃是一种特殊的商品，在金融融资过程中，如果没有诚信的基础与中介，就截断了货币之源，也就等于切断了金融业的命脉。因此，将“诚信”确立为金融道德原则，这是由金融业本身的性质决定的。

第七章

信守职责：遵守职责严于律己

自古以来，勇于承担责任就是中华民族的优良传统。大禹治水“三过家门而不入”；诸葛亮行事“鞠躬尽瘁、死而后已”；范仲淹挥写“先天下之忧而忧，后天下之乐而乐”；文天祥高歌“人生自古谁无死，留取丹心照汗青”，等等，挺身而出、忠于职守、责为人先是志士仁人代代相传的思想标杆，是华夏子孙生生不息的精神动力。责任重于泰山，一桩桩大大小小的事故的背后就是没有责任心。责任出智慧，责任出力量，责任出勇气，有了责任心，再大的困难都会排除。

第八章

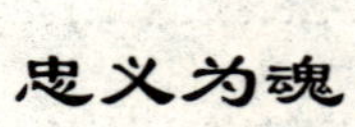

忠义为魂：忠义家风传千古

一个国家，一个民族，如果缺少了忠义的人，那么这个国家，这个民族，一定会灭亡。只有“忠义”的精神，才会使国家更加团结，更加强大。所以，我们一定要把“忠义”的精神作为优良家风传承并弘扬下去，让我们的民族更加繁荣昌盛下去。

第九章

见利思义：树立正确的义利观

随着经济的发展，道德和金钱的关系问题日益凸显。正确看待和处理义利关系，是一个关系到做人、立身的重大社会问题。儒家思想中的义利观，对于现代社会中浮躁而急功近利的人，具有很好的指导作用：正确对待财富；学会利用人脉获取利润；符合道义，取之无妨；有正确的道德取向，即使富裕了也要做道义之事。“见利思义”不仅是我们要传承的家风，更是整个中华民族要传承的美德。

第一章

诚信为本：诚信家风代代传

诚实守信是做人的基本准则，是中华民族的优良传统，是一个人道德品质的具体体现。诚信是表现人格的特征的一种道德品质，以说真话、对人对己都不隐瞒事实真相为行为准则。

诚信是人道法则

【原文】

诚者，天之道也；诚之者，人之道也。

——《礼记·中庸》

【译文】

诚实是天道的法则；做到诚实是人道的法则。

守信立诚

我们都知道，诚信是中国社会的传统美德之一。那么，诚信的内涵是什么呢？

一般而言，诚信包含两个方面的内容，即“诚”和“信”。所谓“诚”即诚实诚恳，更多地指“内诚于心”；“信”即信用信任，则侧重于“外信于人”。因此，诚信的基本含义是诚实无欺，讲求信用。

古人云：诚信于君为忠，诚信于父为孝，诚信于友为义，诚信于民为仁。正因为如此，诚信一直被古代贤哲视为安身立命之本、道德修养之基。追求“修身、齐家、治国、平天下”的儒家文化一直将诚信作为修身的重要部分，如孟子认为：“至诚而不动者，未之有也；不诚，未有能动者也。”

而墨家也推崇诚信，如墨子提出了“志不强者智不达，言不信者行不果”的观点。另外，道教也把诚信作为人生行为的重要准则，如老子认为：“轻诺必寡信，多易必多难。”

宋代理学家朱熹则认为：“诚者，真实无妄之谓。”朱熹肯定“诚”是一种真实不欺的美德。要求人们修德做事，必须效法天道，做到真实可信，说真话，做实事，反对欺诈、虚伪。正是这些古代贤哲对诚信的推崇，以及他们对中国文化、伦理纲常的影响。千百年来，诚信被中华民族视为自身的行为规范和道德修养。

“诚”已演变为一种至善的道德规范，既是一切具体的道德规范的基础，又是人类道德修养的一种最高境界。

家风故事

曾子杀猪

曾子（曾参）是孔子的学生，他为人非常讲“信”，不但对大人，连对自己的孩子也讲信用。

有一次，曾子的妻子要出门，在屋中整理自己的头发、衣服。根据经验，他们的小儿子见母亲这么做，就知道她将要出门，而且是要去一个热闹有趣的地方。

“娘啊，你要到哪儿去？”小儿子瞪大了眼睛问，一边就拉住母亲的裙子，怕她走了。“娘到哪去，告诉我嘛!”小儿子偏要问。

“哎呀，”母亲有点不耐烦，我到别人家去问点儿事。”

“那家有小孩吗？”

“没有，他们家全是大人。”

听说母亲要去的那家全是大人没有小孩，儿子不想跟着去了，到那儿干坐着听大人说话太难受，他松开了拉着母亲裙子的手。

正在这时，曾子推门进屋。儿子马上报告：“爹，俺娘要去别人家，我不去。”

曾子一听就知道了其中的奥妙，他笑着对儿子说：“你娘逗你玩呢，她是要去集市买东西。”

“是吗？到集市去？我也去!”儿子乐得直蹦高。

听了曾子的话，妻子看他一眼，咳了一声。

“对孩子不能说谎话。”曾子认真地说。

“对小孩子家，什么谎话不谎话。”妻子说。回头又对孩子说：“你别去了，在家玩。”说着，她提起篮子就走，儿子紧跟着就出了屋。

待母亲走到院子当中的时候，儿子已经站到了院门口。

“快回去，我不能带你去。”母亲要出门，对儿子说。

“我要去!”儿子说着突然哇哇哭起来。

母亲没法说服儿子，想了想，拍着儿子的脑袋说：“好孩子，你要听话，等我回来就给你杀猪吃。听见没有？杀猪吃!”

孩子听见了，孩子的父亲也听见了。孩子琢磨吃猪肉比去集市强，就不哭了。曾子先皱一下眉，又轻轻地摇了摇头……

曾子的妻子从集市回来，到院门口就听见院里传来“霍霍”声，像是在磨刀。她赶忙进院。果然，院中曾子蹲在地上磨刀，他们的儿子站在旁边看。

“你磨刀要干什么?”她漫不经心地问。

“噢，磨刀杀猪啊。”曾子说，一边用手指试试刀锋。

“谁家要杀猪啊?”

“当然就是我们家。”

看曾子不像说笑话，她忙往猪栏那边走去，一看，家里那头猪已被绑起四腿躺在那里。

“真要杀猪啊，”她好生奇怪，“既不过年又不过节，怎么想起杀猪来了?”

“就是你说要杀猪啊。”曾子说。

“是娘说的。”儿子也喊起来。

“我什么时候说了?”

“出门的时候，你说回来就杀猪吃。”曾子说。

“娘是这样对我说的。”儿子补充。

想起来了，她笑着说：“我就顺口说那么一句哄孩子的话，你怎么还当真了?”

曾子让孩子走开，对妻子说：“不能同孩子说假话。小孩子懂什么，他们成天在学大人说话办事。若是向孩子说谎，那不就是教他说谎吗？孩子长大了也会向别人说谎的。”

妻子点头。于是夫妻两人把猪杀了。当炖得喷香的猪肉端上桌案时，曾子对满脸堆笑的儿子说：“大人说给你杀猪吃，就给你杀猪吃。”

曾子妻说的“回来就给你杀猪吃”本是哄骗孩子的信口之言，曾子并非不明白，但他却真的杀猪。许诺就要兑现，不论是怎样许诺的，需要真守信啊！

诚信是道德之源

【原文】

真者，精诚之至也。不精不诚，不能动人。

——《庄子·渔夫》

【译文】

人的诚心所到，能感动天地，使金石为之开裂。没有诚心，就不足以打动人。

守信立诚

诚信是指诚实不妄、遵守诺言的品质和行为。《辞海》中对“诚信”的解释是：“诚实、不欺。”根据《说文解字》的解释：“诚信互训”“诚，信也，从言成声”“信，诚也，从人从言”。在实际使用过程中，“诚”通常表现为真诚、诚实、诚恳；“信”通常表现为讲信义、守信用、重承诺。

诚信作为最古老最原始的道德要求之一，它和人类相伴而生。人是社会动物，社会性是人的本质。人是在相互依赖和相互联系中生存和发展的，只有人与人之间相互诚实、说真话、传递真实信息，不掩盖事实的真相，人才

能得以生存和发展，人类才能繁衍延续。人类历史发展到今天，诚实品质从来是对人行为处事最基本的要求和规范。在我们的身边，为什么有的人总是受人尊敬、被人亲近，有的人却被人唯恐躲之不及？是因为性格不同，导致每个人人格魅力不同。人格魅力是指一个人的信仰、性情、品行、智慧、相貌、才学和经验等诸多因素体现出来的一种人格凝聚力和感召力。人格魅力的形成包括能力、气质、性格、道德品质等方面具有的、非常受人青睐的、吸引人的力量，是指人的性格、能力、气质的总和。

家风故事

赎麻得金原包退还

南北朝时南齐的益州刺史萧衍有一个秘书官叫甄彬。人人都知道，甄彬还是百姓时，赎麻还金的故事。

春荒时节，甄彬家里揭不开锅了。怎么想点办法买点柴米呢？甄彬的目光在屋内四处打量，最后落在了一捆苎麻上，自言自语地说：“唉，只能靠它了!”

甄彬的妻子明白丈夫是想当了苎麻买米，她也知道家中只有这捆苎麻可以送当铺，但她仍然说：“去年秋天收了这苎麻，打算织成夏布做件暑天衣服的。一天比一天热了，你还穿着老羊皮……”

“咳，糊口要紧。”

实在想不出别的度荒办法，妻子只好点头。甄彬就把一大捆苎麻送进了街里那家长沙寺道人开设的当铺。靠着当苎麻的钱，甄彬一家总算是熬过了春荒。

秋收后，甄彬费了挺大的劲，总算把赎苎麻的钱凑齐。他带着当票到当铺赎回了苎麻。

回到家，甄彬把苎麻放到床上，他的妻子忙走上前，指着苎麻说：“这回，你可以做一件夏布衣服了。这么热的天还每天穿着老羊皮上山打柴，真是难熬啊!”

妻子说着话，把麻捆打开，忽然看见麻捆里夹着一个手巾包。她随手将手巾包递给正在喝水的丈夫，一边随口问道："你把一个什么手巾包塞到麻捆里了？"

"我塞什么了？我什么也没塞啊！"甄彬说着，放下水碗接过那个手巾包。只看上一眼，他就说："咱家哪有这样的手巾？许是当铺中的谁顺手塞的。"

"不知道里面包着什么？"妻子问。

"是呢。打开看看就知道了。"甄彬说着就解开那个手巾包。一看，夫妻俩全惊呆了，包里是黄澄澄的金子。

甄彬掂一掂，说："有好几两。"

"这么多？"妻子说，"抵多少苎麻啊！"

"不管它是多少，不是我们应得的东西，我们都不能要。莫说是黄金几两，就是几斤，我们都不要。"甄彬说。

"嗯，我知道你。"妻子说，"怎么办呢？"

"从哪儿来的就送到哪儿去。"甄彬思索着说，"这捆麻，我从当铺取出，不离手地一直拿回家中，中间没有任何人碰过。这手巾包一定是当铺的人塞的。我现在就给他们送回去。"

说着话，甄彬将金子还用那手巾重新包好，揣进怀中，出了家门就直接奔当铺。

天色已晚，当铺就要打烊，可是几个人却在柜台里面吵吵嚷嚷。原来，上午曾有人用一包金子做抵押来这当铺换钱，是一个道士接的。结账时，发现那包金子不见了，有人就怀疑是那道士私自匿下了，道士有口难辩。正在吵嚷之时，只见甄彬推门进来。

甄彬进门，二话不说，从怀中掏出一个手巾包，往上一举，问："是你们当铺的吗？"

众人都是一愣，那道士一步上前，接过手巾包就问："你是从哪得到的？"甄彬就把发现手巾包的经过一一说明。

"啊，对了，想起来了！"道士高兴得叫起来。原来，当时这道士接过这包金子的手巾包，没来得及安放，就顺手塞进了麻捆中，后来一忙就忘了。

道士见金子失而复得，又洗去了自己的不白之冤，自然万分高兴，马上就要分一半金子给甄彬。甄彬说什么也不接受。后来，道士又到甄彬家十多次，要送一半金子给他，甄彬说：“想要的话，当初我就全留下了。说送还怎么能再收回一半呢!”坚决不接受。

当时的萧衍听到这件事很感动，后来他当益州刺史，就请甄彬作自己的秘书官，他说：“诚实的人是最可靠的。”

别人的金子就是别人的，这就是诚实。在大热天穿着老羊皮上山打柴的困难中白捡了金子，毫不犹豫地送还别人，这是难得的诚实。

诚信是立国之根

【原文】

子曰：足食，足兵，民信之矣。

——《论语》

【译文】

孔子说：只要有充足的粮食，充足的战备以及人民的信任就可以了。

守信立诚

在中国古代，诚信就被视为治国之本。可见，治国平天下，为政讲道德，首先要取信于民。荀子则认为诚信能成就霸业，他说：“义立而王，信立而霸，权谋立而亡。”

诚信是现代社会主义建设的基础，党的十六届六中全会通过的《关于构建社会主义和谐社会若干重大问题的决定》明确提出，加强社会主义荣辱观建设，其中“以诚实守信为荣，以见利忘义为耻”，是社会主义荣辱观的重要内容之一。党的十七大报告要求，“以增强诚信意识为重点，加强社会公德、职业道德、家庭美德、个人品德建设，发挥道德模范榜样作用，引导人们自觉履行法定义务、社会责任、家庭责任。”

党的十八大报告对诚信建设提出了更具体要求，指出要加强政务诚信、商务诚信、社会诚信和司法公信建设。

在现实中，诚信一直被视为古今中外治国理政必须遵循的政治伦理准则，更是政务得以存在和发展的道德属性。

家风故事

郑国以诚信立国

春秋时期，郑国以诚信立国，使自己幸存于大国夹缝之间，且得以稳步发展，令其他诸侯国不敢小视。

公元前526年，晋国执政大臣之一韩宣子（韩宣子名起，宣子是他的号）出使郑国。他喜欢收集玉器，了解到有一副价值连城的玉连环，在郑国一个商人手上，于是便借出使之机，向郑国提出索要。

子产当即拒绝说：“玉连环不属于国家所有器物，我们国君不与闻此事。”

郑国大臣子叔、子羽不理解子产的用心，问道：“晋国是大国，我们万万不能得罪。好在韩起的要求也不过分，就是一副玉连环，不如送给他吧。不然韩起回国告状，晋国国君一发怒，我们追悔莫及。”

子产耐心地解释：“我当然知道这其中的利害。晋国是大国，我们千方百计结好还怕来不及，怎么敢去得罪。我不是舍不得一副玉连环，而是因为忠信的缘故。我听说君子不担心没有财物，而担心执政后没有好名声。我还听说治理国家不是怕不能侍奉大国，而是怕没有礼制来规范。大国向小国下命令，而且还要求一定满足，那小国拿什么源源不断地来供给他们呢？何况大国欲壑难填，这次满足了，下次没有满足，得罪将会更大。大国没有道理

的要求，我们不据理驳斥，他们哪会有满足的时候？如此，我们哪里还有自己的独立和主权？再说韩宣子作为大国使节，却依仗强国之势索取玉连环，他的贪婪、邪恶就永远洗刷不掉了，我们不劝阻他，难道不是罪过吗？索取一副玉连环，引发出两起罪恶：一是我们丧失独立主权国家的地位；二是韩宣子变成人人讨厌、贪婪的人，这怎么能行呢？我们用一副玉连环换来这样的后果，太不值得了。"

子叔、子羽听后，这才明白了子产的良苦用心。但是韩起并没有死心，他找到这个商人，强行出高价购买并已经成交。

玉连环虽然是收藏在私人手中，但却是国宝，不能随便让它流出国外。但是不卖，又怕影响两国友好邦交，引发乱子。商人无可奈何地说："按照郑国的法律，外国人购买本国贵重物品，一定要向执政报告。玉连环虽然已经在您手中，但是希望先生您还是向郑国执政子产打个招呼。"

韩起来访子产说："我向您请求得到玉连环，您认为不合道义，我也不好为难您。现在我从商人手中购得玉连环，并遵守贵国制度，特来向您郑重报告。"言下之意是要子产同意。

不料子产仍然不答应，他委婉地说："我国先君郑桓公与商人，都是从周朝迁居来的。当年大家同甘共苦、并肩战斗，开辟了这片不毛之地，建立了自己的家园，并且世代都有盟约，用以互相信赖、支持。盟誓说：'商人不能背叛祖国，官员也不能强行购买。不要乞求、不要掠夺。你有赚钱的买卖和宝贵的货物，我也不干涉过问。'您怀着友好的情谊来访我国，却告诉我以高价强行购买国宝玉连环，违背了我国盟约的精神，这不是叫商人干背叛国家的事吗？让我国威信扫地吗？我劝您不要做这样的事！不错，现在玉连环是在您手里，我也不能强行命令您留下。可是大国命令我们小国，没完没了地供应财物，这是要我们变成晋国的附庸，使我们丧失主权和独立地位，我们是绝不会答应的。我如果同意您带走这副玉连环，实在是不晓得对您、对贵国有什么好处？对我国、对商人有什么道理？所以才愿意对您私下里说清楚。"

韩起听了，觉得句句在理，于是说："我虽然并不聪明，但是道理还是明白的。怎么敢因为一副玉连环，而招来不尊重郑国主权的污名，让自己背上贪得无厌的恶名呢!”

韩宣子告辞后马上找到商人，退还了那副玉连环。

韩宣子满怀对子产的感激之情，在离开郑国时，带着礼物到子产家登门致谢：“您让我舍弃那副玉连环，不仅仅是赠予我金玉之言，更是挽救了我的名声，岂敢不手持薄礼而拜谢呢。”

郑国执政者又一次实践了保护商人的承诺。国家的诚信行为，使郑国商人的爱国热情空前高涨。

诚信是为政之道

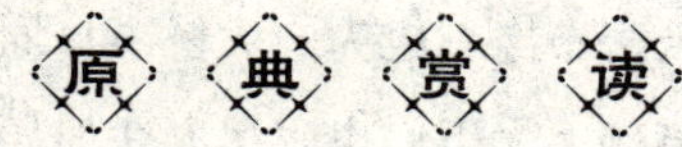

【原文】

君子信而后劳其民。

——《论语·子张》

【译文】

只有统治者讲信用、守信用，才能统治民众。

守信立诚

古代的思想家们认为，“信”不仅是朋友之伦理规范，更是君主建立王道政治和“威动天下强”的关键。《尚书·康王之诰》记载：“昔君文武丕平，富不务咎，□至齐信，用昭明于天下。”康王追忆先王之道，提到文王、武王行其大道，天下太平，万民殷富。不允许行过失丑恶之事，达到圣德昭明、齐信于天下。这里的“信”是指治国行政上的信用。孔子将“忠于信”置于人伦交往的第一要务，认为人而无信，就不能做人，更不能得到别人的信任。在他看来，只有“言必信”，才能“行必果”。对朋友如此，对君主也是如此。

“信”是统治者有效地治理国家、维护统治的根本保证。只有统治者恪守自己的诺言，臣民才会信任、拥护统治者；如果统治者不能恪守承诺，终将遭受臣民的抛弃，甚至是杀身之祸。

更重要的是，只有统治者恪守承诺，做到有法必依、刑赏分明，不随心所欲，才能让民众遵纪守法。

家风故事

周幽王烽火戏诸侯

公元前 779 年，也就是周幽王三年，周幽王骄奢淫逸，自从得到褒国进献的美女褒姒后，封其为宠妃，更是整天沉溺于后宫佳丽之中，荒废朝政。褒姒生性不喜言笑，面对宫中琼楼玉宇，锦衣玉食，美酒佳肴，她无动于衷。但褒姒天生丽质，美艳绝伦，整天愁云密布岂不成为一大憾事！周幽王看在眼里、急在心里。为了目睹褒姒一展笑颜，大臣们也想尽办法但始终不得效果。

一天幽王带褒姒到骊山出游，佞臣虢石父献出烽火戏诸侯这个计策，幽王决定试一试，于是命令点燃烽火。滚滚青烟直冲云霄，各路诸侯见烽火报警，以为京城出现敌情，急忙整装带兵来到烽火台。各路诸侯火速赶到烽火台后看见君主安然无恙，面面相觑，如丈二和尚摸不着头脑。而褒姒这时游兴正浓，看到各路诸侯蜂拥而至，个个汗流浃背，满脸是灰，于是向周幽王询问，幽王笑而不答。看到这种场面，褒姒忍不住开怀大笑。看到褒姒终于开了笑口，而且笑时花枝招展，周幽王不禁喜笑颜开，忘乎所以。风尘仆仆的各路诸侯军这才明白，烽火报警，调兵遣将，原本只是为博宠妃一笑。无奈王命如山，大家只得悻悻离去。为讨褒姒展开笑颜，幽王几度故伎重演。后来褒姒生了儿子，幽王十分高兴，取名伯服。

公元前 774 年，幽王废了申王后和太子宜臼，立褒姒为王后，伯服为太子。同时重用善进谗言的奸臣虢石父为卿，国人怨声载道。申王后把所有事情都告诉父亲申侯，申侯非常愤怒，毅然联合两个诸侯攻打西周。兵临城下，周幽王慌忙点燃烽火报警。屡受戏谑的各路诸侯以为又是昏君在讨好美人，按兵不动。最终，镐京陷落，幽王被杀，西周300年历史宣告结束。

以实心行实政的康熙

康熙是我国历史上当政时间最长的皇帝，也是清朝定都北京后的第二代君主。他姓爱新觉罗，名玄烨，从八岁即位，直到六十九岁病死，在位达六十一年之久。

康熙大帝平定了吴三桂等人的三藩之乱，降服了郑成功的孙子郑克塽，实现了台湾回归，驱逐了盘踞东北边境的沙俄入侵者，三次亲征蒙古族分裂势力噶尔丹，调遣大军安定西藏，勾画出今日中华疆域的轮廓。他主持编纂的《佩文韵府》《渊鉴类函》《康熙字典》《古今图书集成》等巨著，至今耸立在华夏文化园林之中，嘉惠学者。

玄烨自幼酷爱读书，在儒家思想熏陶下成长。但他并不盲目相信古书的记载，有时甚至持怀疑态度。例如《史记》载项羽坑秦卒二十万，玄烨说："夫二十万卒岂有束手待毙之理乎？"《晋书》记有车胤"夏月则练囊盛数十萤火以照书"，玄烨曾让宫女捕萤火虫，结果表明囊萤的幽光并不能照书。

玄烨是一位杰出的战略家，几次重大军事行动的战略决策与部署，都是他亲自主持的。他熟读兵书，并提倡官兵读兵书，但他并不拘执兵法。他说："武经七书，朕俱阅过，其书甚杂，未必皆合于正。所言火攻水战皆是虚文。若依其言行之，断无胜理。"

康熙一生在治理黄河水患上倾注了极大的热情。1667年夏天，康熙刚刚亲政，这位十四岁的少年皇帝就遇上一场大水灾，哀鸿遍野，江南粮船无法沿运河北上京师。他反复考察历代治河的文献资料，选派得力的治河官员，决心一劳永逸地治理黄河。但在当时的财力、物力、人力及科技条件下，根治黄河是极为困难的。康熙先后于1684年、1689年、1699年、1703年、1705年、1707年六次南巡，视察黄河工程，终于与各地专家、民众共同找到了治黄良策，驯服了这条水患不断的河流。但他也从长期治黄实践中懂得，黄河水情年年变化，已经取得的成就不能当做普遍真理。1701年，河道总督张鹏翮建议把治河文件编集成书，康熙却认为“河性无定，岂可执一法以治之”，驳回了此议。

康熙不务虚名，尤其不喜欢臣下的过分颂扬，而是经常反躬自责，并鼓励别人纠正自己的过失。他写得一手好诗文，常常与群臣讨论文章得失，鼓励臣下“润色改易”。1684年，他写了一篇游五台山碑文，许多人赞不绝口，他却觉得“结构未能精当”，并指出“近人每一文出，不乐人点窜，此文之所以不工也”。康熙弓马娴熟，行围打猎，箭不虚发，随行人员都佩服他，他却说：这都是幼年时受侍卫阿舒默尔指点的结果。

身处至尊之位，当政时间越长，取得成就越大，就越容易陷入歌功颂德的泥潭。当时，内阁草拟的文件里经常出现“海宇升平”“德迈二帝，功过三王”等语。康熙对大学士们说：“一切颂扬之文，俱属无益。”命令他们不要在文章中用颂扬自己的话“铺张凑数”。

然而颂扬之风总有人刮起。每逢皇帝大寿、登基五十、六十周年庆典，以及朝廷取得重大胜利，诸王、贝勒、大臣、蒙古王公及达赖喇嘛等，纷纷请求给康熙加上一些尊号。例如，1721年为庆贺他御极六十年，所上的尊号为：圣神文武钦明睿哲大孝弘仁体元寿世至圣皇帝，多达二十个字。康熙一针见血地指出：“从来所上尊号，不过将字面上下转换。此乃历代相沿陋习，特以欺诳不学之人主。”据统计，臣下联名给康熙上尊号先后十余次，均被他严词拒绝了。直到1722年逝世，康熙才不得不接受这样一个长长的尊谥：合天弘运文武睿哲恭俭宽裕孝敬诚信功德大成仁皇帝。其实，康熙对自己的评价更恰当：惟日用平常，以实心行实政而已。

诚信是处世之本

【原文】

子曰：人而无信，不知其可也！大车无輗，小车无軏，其何以行之哉？

——《论语·为政》

【译文】

孔子说：作为一个人却不讲信用，不知他怎么可以立身处世！好比大车没有套横木的輗，小车没有套横木的軏，那怎么可以行走呢？

守信立诚

信用是一个诗人处世的根本之道，就好像牛车上的輗，马车上的軏一样，没有了輗与軏这两项驾驶工具，车子是不能走的。人如果没有信用，也无法在社会上立足。

不过，说得最多的，强调得最重的，往往也是问题最大的。背信弃义与讲信用就像是一对孪生兄弟，它们穿越古今文化，跨过历史长河，直到今天，依然与我们同在。或者更准确地说，越到商品经济时代的今天，背信弃义与讲信用的矛盾越发突出。

面对这样的形势，我们是不是应该想到圣人的呼吁呢？——人而无信，不知其可也！

人生在世，不论是与人相处，还是从政处世，抑或是在商经营，都必须确立起自己的诚信。

或许这是一个老生常谈的话题，尤其在今天这样一个商业社会里，它更是已经成为人与人之间相识相知的重要前提。北齐颜之推在《颜氏家训·名实》中这样教育子女："吾见世人，清名登而金贝入，信誉显而然诺亏，不知后之矛戟，毁前之干橹也。"强调诚信是处世之本，是完美人格的道德前提。

家风故事

范式守信不负约

东汉永平年间（公元58—75年），一个明朗的秋日，在汝南郡（郡治在今河南平舆县一带）的一个村子里，青年学者张劭正在自家的庭院中来回踱步，不时侧耳听听院外的动静，好像在等什么人。他嘴里不住地叨念着："巨卿兄怎么还不到呢？"

他说的这个巨卿，就是山阳郡（郡治在今山东金乡县）人范式。范式字巨卿，是张劭在太学里的同学，两人多年寒窗相伴，结下了深厚的友情。两年前，他们同日离开京都洛阳回家，分手的时候，两人依依不舍，洒泪而别。那一天正好是九九重阳节，他们约定两年后的今天，范式来汝南郡探望张劭。

光阴飞逝，两年的时间转眼就过去了。越是临近约定的日期，张劭的心情就越是不能平静。他急切地盼望着与好友重新欢聚，以至于坐卧不宁，寝食不安。

重阳节终于到了，张劭一家人早早起来，煮酒杀鸡，忙活了半天，备好了一桌丰盛的酒菜。可是，范式还是没有出现。张劭简直望眼欲穿了，他整好衣装，急步走到村头，立在大树下等候。

看看到了正午，正是两年前他们分手的时刻。这时见一辆马车从远处飞奔而来，车到大树下停住，下来一个书生打扮的中年人，向张劭疾步跑来，张劭定睛一看，来人正是范式！

两人跑到一起，各施大礼，然后紧紧拥抱。张劭说："大哥果然不远千里赶来赴约。不过，为何不早到几天，让小弟等得好心焦啊!”

“贤弟，只怪我心里着急，又加上饮食不慎，途中病倒在客栈里。要不是店家好心照看，我几乎要丧命了。”

张劭一看，范式果然是一副病容，身子轻飘飘的，好像还站不稳似的。张劭很有点不过意，说：“大哥为了看我，病成这样，小弟真是有罪了。”

范式笑了起来，说道：“你我二人还要说这些客套话吗？我要是今番见不到贤弟，那才是会急死呢。快领我去拜见伯母吧，我还带了些薄礼来孝敬她老人家呢。”

范张二人久别重逢，更觉得难分难舍，他们白天一起谈论学问，夜晚在一张床上安眠。一天，范式感慨地说：“我们两人就像古时候的俞伯牙和钟子期一样啊，真是生死之交。”

张劭说：“我们虽不是同年同月同日生，但是将来谁要是先走一步，另一个一定要在他身边为他送葬。”

“那当然是我这做兄长的先死，你可要为我送葬呀。”范式说。

“要是我先走一步了呢？”张劭开玩笑说。

“那不管我在何处，一定会驾着白马素车，身披白练，赶来为你送葬的，你可要等我呀。”说完，两人都大笑起来。

几天之后，范式辞别张劭一家，回山阳郡去了。这边张劭继续读书种地，奉养老母。不料，没过一年，张劭忽然得了个暴病，不到几天，张劭就已经奄奄一息了。

再说范式回到山阳郡后，当地的郡守听说了他的名声，就请他做了郡府的功曹（官名），掌管全郡的礼仪、文教事情。官虽不大，公务却很繁杂。范式尽心职守，把事情办得井井有条，郡守对他十分赏识，有心要再提拔他。

这一天，范式在梦中忽然见到了张劭，只见张劭头戴黑色王冠，长长的帽带一直垂到脚下，脚上穿的是一双木鞋，好像一位古代的君王。再看张劭脸上一副焦急的样子，好像在呼喊自己，可就是喊不出声音。范式从梦中惊醒，浑身冷汗。他想，难道贤弟已经做古了吗？这个梦实在不吉利。不行，我要去汝南看看贤弟。

第二天，范式辞别了郡守，郡守再三挽留不住，心中十分惋惜。因为范式这一走，不但提升职务的事吹了，而且连功曹的官职也要丢掉。范式哪里顾得了这许多，他借了匹快马，日夜兼程地向汝南郡赶去。途中正遇上张劭派来向他报信的人。他一听这消息，当时就口吐鲜血晕了过去。醒来之后，范式买了白马素车和奔丧用的物品，亲自驾车飞奔而来。

一路上，人们都看见这辆飞奔的丧车。白色的马，白色的车，车上的人穿着麻衣，身披白练，不断抽打着马儿飞跑。

可是，就在范式赶到的头几天，张劭已经去世了。老母亲记着儿子的嘱咐，一连等了范式三天，后来实在不能再等，只好把丧事办了。到出殡的这天，当地仰慕张劭名声的人都赶来了，送殡的队伍少说也有上千人。说来也怪，那辆载着张劭灵柩的马车走到村口大树下时，车轮突然陷进一个土坑，任凭众人死命往外拉，车也是纹丝不动。张劭的母亲哭倒在灵车上说："儿啊，娘知道你的心愿，可是，山阳郡离这里千里之遥，巨卿实在是赶不到啊!"

正在这时，远处一辆白色马车飞奔而来，张母回首一望，说道："这一定是山阳郡范巨卿来了。"

果然，这正是范式的白马素车。车到近前，范式跳下车来，扑到张劭的灵柩上痛哭起来，边哭边说道："贤弟，哥哥来迟一步，让你等急了啊!"

过了一会儿，范式止住哭声，说道："贤弟，你该去安息了。哥哥送你下葬。"

说着他招呼众人扶住车辕，大家使劲一推。真是怪了，这回灵车一下子就出了土坑，又向墓地移动了。

众人见此场面，又感动又吃惊，都赞叹范、张二人真是生死之交，诚信君子，说是由于他们二人的信义感动了上天，才出现了这样的怪事。

后来，范式安葬了张劭，为他守墓三年，才独自离去。

诚信是做人之基

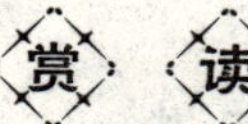

【原文】

唯天下至诚，为能尽其性。能尽其性，则能尽人之性；能尽人之性，则能尽物之性；能尽物之性，则可以赞天地之化育；可以赞天地之化育，则可以与天地参矣。

——《中庸》

【译文】

只有坚持至诚原则，才能充分发挥自己善良的天性。能够充分发挥自己善良的天性，就能感化他人、发挥他人的善良天性；能够发挥一切人的善良天性，就能充分发挥万物的善良天性；能够充分发挥万物的善良天性，就可以参与天地化育万物，便达到了至仁至善的境界；达到了至仁至善的境界，就可以同天地并列为三了。这就是坚持至诚尽性原则所达到的理想境界，达到了这一理想境界也就找到了自己在天地间的真正位置。“诚信”是一切道德的基础和根本，是人之为人的重要品德，是一个社会发展的基石。

守信立诚

“诚信”作为一种道德要求，意思是诚恳老实，有信无欺。很多目光短浅的人抵挡不住各种物质利益的诱惑，不惜伪善欺诈，言而无信，这是做人最大的失败。

做事必先做人，要想把事做成功，就要先把人做成功。而做人讲究的第一准则就是要以诚信为本，诚信是一种境界、一种品质，更是一种无形的资本。

“诚信”是为人立身之本，也是维系人际交往的重要组成部分。然而，许多人在商品经济的大潮中迷失了自我，放弃了诚信的做人原则，急功近利，弄虚作假，都会让你和成功的机遇擦肩而过。

家风故事

明山宾诚实卖牛

南朝梁时，明山宾担任某州从事史（事务官），正好赶上旱灾，庄稼颗粒无收，百姓饥饿难耐。为民担忧的明山宾决定打开粮仓，放粮给老百姓。掾史（州郡县佐吏）周显良却认为此事非同小可，必须报告朝廷。但是等到朝廷下达命令，只怕州里的老百姓早就饿死了。明山宾犹豫了一下，毅然决定私开粮仓，并说：“朝廷怪罪下来，我一人承担!”

为了维持放粮时的秩序，明山宾下令约法三章：不排队的关押 10 天；冒充穷人来领粮食的关押 15 天，多次来领米的关押 15 天；拘禁期间，家属也不能领米。告示张贴后，百姓们都严格遵守约定，放粮井然有序。

一天，一个叫李虎的中年男子急匆匆地跑到放粮处，没有排队便领米。其实李虎也是情急无奈，他 3 岁的儿子已经饿得生了病。但士兵却不问缘由，便将他关押起来。10 天后，李虎回到家时，发现儿子已经奄奄一息了，李虎大骂妻子为什么不去领米，妻子泪流满面说：“章法规定一人被抓，家属也不可以领米。”李虎一听，将满腔愤恨记在明山宾的头上，发誓要让明山宾家破人亡。

就在这时，明山宾私开粮仓的事被朝廷知道了。朝廷大为震惊，并派命官前来追查。周显良很是担忧，但明山宾却心静如水，他说：“我早就说过，出了事我自己承担!”他吩咐周显良负责放粮，自己则等待朝廷发落。

明山宾万万没有想到的是，跟随他多年的周显良为了将其取而代之，竟然会背地里耍阴招。朝廷命官让周显良找几个老百姓调查情况，结果找来的都是在放粮中对明山宾有所不满的人，其中也包括李虎。李虎当着朝廷命官和周显良的面，大骂明山宾，并说出自己惨痛的经历。朝廷命官得知此事后，大发雷霆，认为明山宾私自开仓并非救民心切，而是别有用心，当即将明山宾革职，并终身不再录用。

明山宾默默地带着夫人回会稽（今浙江绍兴市）老家了。但李虎并没有善罢甘休，他竟然背井离乡，千里迢迢去寻明山宾报仇。但是，他到了会稽后，找遍所有的豪宅大院，却没有找到明山宾的家。其实，明山宾一家住在一间茅屋里，度日艰难。无奈之下，明山宾决定将家中唯一值钱的东西——一头黄牛牵到集市上去卖掉。

明山宾来到集市，往牛脖子上挂了一块价牌——“纹银三两”。行人都很惊讶：“这么壮实的一头牛竟然只卖三两银子？”明山宾一经提醒，便想更改价牌，但一个年轻人眼疾手快，抢在明山宾换牌之前，坚持买下这头牛。明山宾说一不二，以三两银子的价钱将牛卖给他。行人见了都说明山宾傻。

明山宾回到家，把卖牛的经过告诉妻子，妻子哈哈大笑，说：“这头牛能卖三两银子就不错了。”原来，这头牛几年前曾得过漏蹄病。明山宾一听，说：“那买牛的人不是吃亏了吗？”他匆匆忙忙赶到集市，已不见年轻人踪影，便四处打听，费尽九牛二虎之力，终于找到了年轻人，反复说明情况。但是那年轻人却以为明山宾是嫌牛卖得太便宜，想反悔了，所以执意不肯退还，两人就在路边拉拉扯扯……

说来也巧，正好被李虎撞见。李虎一见明山宾分外眼红，拿出匕首，想趁机刺杀。但是，当他看见明山宾身上穿的是粗布衣服，又得知他生活拮据，竟然到了卖牛求生的地步，不由得疑惑了。

而明山宾并不知道李虎与自己有仇，还误以为年轻人是李虎的儿子，便将病牛的事一五一十地告诉李虎，还说：“买卖总要诚实，如果得过病的牛被当做好牛卖掉，我心里会不安的。”李虎一听，不由得从心中赞叹明山宾是个真君子。

李虎说出当年之事，得到明山宾一番解释后，满腔的仇恨也顿时烟消云散了，因为他认为一个品德如此高尚的人是不会做出危害百姓的事。

有诚信才有和谐

【原文】

讲信修睦而固人肌肤之会，筋骸之束也。

——《礼记·礼运》

【译文】

诚信犹如一根捆绑东西的绳子，将大家紧紧聚拢在一起，彼此无法分离。

守信立诚

诚信被认为是保证社会和谐、稳定、有序的重要前提和基础。因此，社会诚信缺失，不是简单的社会问题，而是关乎“天下兴亡”的根本问题。

在中国传统文化中，诚信不仅是美德，也是促进社会认同和团结的重要因素。从文献记载看，在洪荒漠古时代，初民质朴无华，率性无为，也不知“信”为何物。比如庄子的《庄子·天地》所言：“至德之世，不尚贤，不使能……端正而不知以为义，相爱而不知以为仁，实而不知以为忠，当而不知以为信，蠢动而相使不以为赐。是故行而无迹，事而无传。”

随着社会文明的发展和进步，人类走出了以上蒙昧阶段，对行为和事物有了是非好坏的评价，和其他道德观念一样，人们对“信”也有了更清楚的认识。

诚信是对社会规则的遵守，对构建和谐稳定的社会秩序极其重要。

但在中国当前经济改革和转轨过程中，市场上出现的短斤缺两、坑蒙拐骗、假冒伪劣产品、黑市交易等现象，以及“三聚氰胺事件”“瘦肉精事件”等造假行为，更是严重地威胁着消费者的生命安全，影响社会的和谐与稳定。

中国社会加强诚信建设，已经刻不容缓。只有在诚信的基础上，人与人之间才能坦然相处，才能更好地团结互助，也才能建立起良好的人际关系，促进社会的良性运转。

家风故事

今生不欠来生债，新年不欠旧年薪

2010年春节前夕，项目经理孙水林为赶在年三十前给工友们发工钱，携带一家四口人开车回黄陂，不料路上雪大路滑，遭遇车祸，一家四口全部罹难。弟弟孙东林得知哥哥一家的遭遇之后，万分悲痛。但想到哥哥一家是为了给工友们发工钱才出了这样的事，“今生不欠来生债，新年不欠旧年薪。”这是哥哥二十年来一直坚守的一个信条。如今哥哥走了，作为弟弟一定要为哥哥完成这个遗愿，于是，孙东林不顾工友们的劝阻，四处借钱，准备在大年三十前替哥哥为工友们发工钱。此时，孙东林的父母也从电视新闻上知道了儿子一家遇难的消息，为了能让孙东林顺利地把工钱给工友们发下去，他们也强颜欢笑，准备着年饭，像往年一样招待工友们。发工钱的时候，账本在车祸现场丢了，工友们凭着信义自己报账。中间钱不够了，孙东林母亲拿出自己的储蓄一万元添上去，最后一分钱也不差，全部给工友们发放了，完成了孙水林的遗愿，谱写了一曲兄终弟及，接力还薪，感天动地的信义赞歌。

“信义兄弟”孙水林、孙东林兄弟用“今生不欠来生债，新年不欠旧年薪。”这一义举荣获“2010年度感动中国十大人物”称号，也用实际行动为我们诠释了诚信的含义。

粮食不在，良心还在

在山西晋城市南石店村里，李继林、刘平贵夫妇经营一家规模不小的粮站，方圆百里的村民有了闲粮都愿意存到这里。因为价格公道，李继林、刘平贵夫妇这些年生意做得可谓是红红火火。然而2010年的一场暴雨，浸泡了这个粮站。

这场降雨将乡亲们存放在李继林、刘平贵夫妇粮站的粮食全部化为乌有。然而在大雨中，刘平贵冲进厂子里抢救出来的不是自家钱财，而是一本不起眼的账本。

大雨过后，李继林、刘平贵夫妇把账本弄干，才知道总共损失76万斤小麦，折合人民币80多万元。对他们来说这是一笔巨款。面对突如其来的变故，有人出主意让他们关门停业，到外面躲一躲，把剩下的烂摊子留给政府处理。但是，李继林、刘平贵一口拒绝。从那时起，夫妇俩就下定决心，不能短了乡亲们一粒粮。

在被大雨泡过的一片狼藉的厂房里，李继林、刘平贵夫妇又开门营业了。实际上，这时候的粮站已是难以为继了，但是他们还是打开大门。他们要让乡亲们知道，他们还在。

厂子里的机器又开动起来了。有了一批粮食，夫妇俩就推着自行车，挨家挨户送粮还债。由于欠款太多，从2011年5月起，李继林到一家工地上开搅拌机，打工挣钱，从老板变为一名打工仔。夫妻俩说："由于乡亲们的信任，自己逐步走出了困境，只要坚持诚信，生意还会火起来。"

2013年，李继林、刘平贵夫妻被中央文明委授予"中国好人"称号，还先后入选2013年"感动山西"十大人物、中央电视台"感动中国2013年度候选人物"。

第二章

诚信立身：万事须以诚字立

“信”有两层含义：一是受人信任；二是对人讲信用。人在群体中生活，只有人人讲信用，建立起人与人之间的互信，社会才能正常地运行、发展。这就是“人而无信，不知其可也”的道理。诚信是天道之本然，也是人道的根本。

万事须以诚字立

【原文】

万事须以一诚字立脚跟，即事不败。未有不诚能成事者。虚伪诡诈，机谋行径，我非不能，实不为也。

——《王氏家训》

【译文】

万事都必须以“诚”字立足，就可立于不败之地。没见到不诚的人能够成事的。虚伪诡诈，权谋手段，我不是不会使，而是不愿意使。

守信立诚

人是依靠社会而存在的，因此，首先是要与人相处，与人办事。既然是相互之间的关系，就需要有一个大家都能接受的行为准则，受到大家肯定的，成为应该共同遵守的道德。在人世间，与人融洽相处，最重要是要讲一个“诚”字。“诚”乃诚实、诚恳、诚信。

诚实是做人之本，满口谎言，或者言而无信，或许可以一时投机取巧，占到便宜，但是付出的是人格破产的代价。或许有人说，反正我对人都是一次性利用，赚到一次算一次。这是因为我们的社会诚信制度尚未建立，故有许多空子可钻。即便如此，谁能保证江湖上没有比你手段更高的人，故古人常说：“恶人自有恶人磨”。

待人诚实，自然会流露出诚恳的态度。有些人特别有人缘，很容易和别人打交道，朋友众多，一个重要的原因，就是他与人交往很诚恳，用自己的真诚打动对方，赢得别人的信赖，愿意和他说真心话。有许多事情，是否诚实，只有当事人才知道。所以，诚实首先就要能够面对自己，你能够在与天地神灵对面的时候，扪心自问我诚实吗？这件事让我更加深刻地领会到中国古人所强调的"慎独"，当自己一个人独处的时候，千万不要以为人不知鬼不觉而可以造假做坏事，这时候更是对一个人品格的考验，一定要谨慎。天地神灵，首先就是你自己，能够诚实地面对自己，就能够面对天地。

家风故事

信"诚"则事成

曾国藩说过："事上以诚意感之，实心待之，乃真事上之道。若阿附随声，非敬也。"

曾国藩一生信奉一个"诚"字，所以对于能够诚实质朴，以真诚的心对待别人的人，他都非常喜欢。反之，如果是阿谀逢迎，当面一套背后一套的人，他则十分鄙视和厌恶。

在他任两江总督的时候，总督府前面有一个很高的亭子，他常常到那里散步。有一天，他正好在那里散步，看见亭子附近有一个官员模样的人，正在跟侍从说着什么，那个官员面带苦色，没说上几句话，就很失落地离开了。

第二天，曾国藩也在相同的时间里看到了相同的场景，他很想上前去问明情况，可是还没等他走近，那个官员又很失落地离开了。

第三天，曾国藩远远看见那个官员给侍从一包东西，之后侍从眉开眼笑地回到了府里。片刻之后，曾国藩回到了府里，侍从跟他说有一个官员求见，来的人正是他在亭子里看到的那个人。他问："你来了几天了？"那官员回答："来了三天了。""来了三天为什么现在才来见我？"那官员不知该如何回答，偷偷瞥了侍从一眼。曾国藩一下子都明白了。

他问那官员："你府上可缺人手？"

官员说："现在是人满为患，可是如果总督大人推荐，我也可以再多加

个人手。”曾国藩就把那个侍从推荐给了他，并且说：“不用给他重要的差事，只要给一口饭吃就行了。”原本，那官员听说曾国藩要把那个唯利是图的侍从给他时，心里还很不高兴，可是听曾国藩这么一说，就明白过来了，那侍从顿时傻了眼。

事后，有人问曾国藩：“那个侍从对你一直忠心耿耿，大人怎么就把他给别人了呢？”曾国藩说：“他对我的顺从都是装出来的，一点诚意也没有，他不过是打着我的名号到外面去骗钱。对于不是诚心对我的人，我是无论如何也不能接受的。”

因为不诚实、不真诚，那个侍从得到了他应有的惩罚。其实在生活中也是一样，不能真诚地对待别人的人，往往交不到真正的朋友。

当今社会，随着社会阅历的丰富，有些人变得越来越世俗，见什么人说什么话，表面上对人无比热情，可是暗地里从来没有真心。这些人以为自己伪装得很好，可是别人也不是傻子，怎么会看不穿他们的伎俩？虽然可能一时大意没有看穿他们，但是时间久了，自然会了解他们是什么样的人。

不懂不要强装懂

【原文】

子曰：由，诲女知之乎？知之为知之，不知为不知，是知也。

——《论语·为政》

【译文】

孔子说：仲由，教给你如何求知的真谛吧！知道就是知道，不知道就是不知道，这就是聪明的智慧。

守信立诚

孔子教育弟子，知道就是知道，不知道就是不知道，这样才是真正的智慧。其主旨是教育人要实事求是，不要不懂装懂。这里强调的是对待学习的态度，也是对待人生的态度。不懂装懂，往往是一种小聪明的表现。如果一个人一知半解就觉得自己已经满腹经纶，而不再学习，不再进取，那么必定会贻误终身。

真正的智者并不是知道所有问题答案的人，而是知道自己有所不知的人。天下的事情那么多，人们哪能样样知道？不知道并不可怕，可怕的是不但不承认，还硬要假装知道。所以说，当一个人清楚自己“不知道什么”，才是真正的知道。许多人害怕承认自己的无知会被人嘲笑为“井底之蛙”，所以为了防止丢面子他们极力掩饰自己的无知，把自己打扮成最有学问的人。其实没有人会嘲笑无知，人们真正看不起的是那些不懂装懂，不能坦诚面对知识的人；而对于坦率说出“不知道”这三个字的人，人们将会给予尊重和敬佩的掌声。

家风故事

孔子不懂不装懂

孔子博学多才，他常常带着弟子周游各国讲学。

一个炎热的夏天，孔子带着弟子子路，乘坐一辆马车，前往齐国讲学。马车过了几座桥，拐过了几道弯，停在了三岔路口的大槐树下。树下有一村翁在卖茶水，村翁看到马车停下来，就招呼他们喝茶。

孔子下了车，走到村翁面前，很有礼貌地打听去齐国的路。村翁认出了孔子，拿起大碗茶递给孔子和子路，说：“先生的名言‘三人行必有我师’说得对极了，世上的学问，一个人不能都了解，要了解它，就必须学习，不耻下问。”孔子说：“是的，就拿种地来说，我不如农夫；盖房，我不如泥瓦匠；做家具，我不如木工。”

还有一回，孔子到齐国去，路上看见两个小孩正在辩论问题。这两个孩子各自坐在一块石头上，就像真正的学者一样，认真地争论着什么。

孔子看了，觉得挺有趣，就对跟在身后的子路说：“咱们走了大半天，也该休息一下了。过去听听孩子们在辩论什么，好不好？”

子路撇了撇嘴说：“两个黄毛小子能说出什么正经话来？”

“掌握知识可不分年龄大小。有时候，小孩子讲出的道理，比那些愚蠢自负的成年人要强得多呢！”

子路听出孔子话里有话，脸红了一下，不敢再说什么，只好别别扭扭地跟着孔子走了过去。

来到树下，孔子站在一边，认真地听了一会儿。他看两个孩子各不相让，争得面红耳赤，就问：“你们在争论些什么呀？”

两个孩子瞥了孔子一眼，没顾上理睬他，仍然争论他们的问题。

子路在一边生气了，他喝道：“你们这两个毛孩子，真没有礼貌！孔老夫子问话，你们怎么睬都不睬？”

孔子止住子路，和蔼地说：“我叫孔丘，是鲁国人，看见你们争辩得这么热烈，也想参加进来，你们看可不可以呀？”

其中一个孩子站起来说：“噢，原来你就是那个孔夫子呀，听说你很有学问。好吧，就请你来给我们评一评，看谁说得对。”

另一个孩子也跳起来说：“对，让他来评评，肯定是我说得对！”

孔子笑着说：“你们别着急，一个一个讲。”

先前那个孩子说：“我们在争论太阳什么时候离我们最近。我说是早上近，他说是中午近。你说说是谁对呢？”

孔子认真地想了一会儿说：“这个问题我过去没有考虑过，不敢随便乱说。子路，你能回答吗？”

子路在老师面前不敢信口开河，只好也老实地摇了摇头。

孔子转过脸来对两个孩子说：“还是先请你们把各自的理由讲一讲吧。”

第二个孩子抢着说：“我先说，早上的太阳凉飕飕的，一点也不热；可是中午的太阳却像开水一样烫人，这不就说明早上太阳远，中午太阳近吗？”

第一个孩子接过来说：“他说得不对，你看，早上的太阳又大又圆，就像车顶上的篷盖那么大；可到了中午，太阳就变小了，顶多也不过一个菜盘那么大。谁都知道，近的东西大，远的东西小。所以，当然是早上的太阳离我们近了。”

说完，两个孩子一齐看着孔子，说道：“好了，现在我们的理由都讲过了，你来评评谁对吧。”

这下子，可把孔子难住了，他反复想了半天，还是觉得两个孩子各自都有道理，实在分不清谁对谁错。于是他老老实实地承认：“这个问题我回答不了，以后我向更有学问的人请教一下，再来回答你们吧。”

两个孩子听后哈哈大笑起来：“人家都说孔夫子是个圣人，原来你也有回答不了的问题呀！”说完就转身跑去玩耍了。

子路望着他们的背影，不服气地说：“您真应该教训他们一顿！两个小毛孩子，您随便讲点什么，就能把他们镇住。”

孔子说：“不，如果不是老老实实地承认自己不懂，我们怎么能听到这一番有趣的道理呢。在学习上，我们知道的就说知道，不知道的就说不知道。只有抱着这种诚实的态度，才能学到真正的知识。这一点，你什么时候都不能忘记。”

小信诚则大信立

【原文】

小信诚则大信立。

——《韩非子》

【译文】

在小事情上讲信用，那么大的信誉就会树立起来的。

守信立诚

中国有句古话，叫“贪小便宜吃大亏”，意在告诉人们，不要因小失大；只顾眼前，不顾长远；捡了芝麻，丢了西瓜。有许多“聪明人”常常犯这样的错误，到头来，声名扫地，害人害己，贻笑大方。

好贪小便宜的人，看到的只是眼前的利益，只是一棵唾手可得的树而已，他们没有看到不远处那一片原本可以属于自己的大森林。所以做人做事要实实在在，不能偷奸耍滑。骗得了一时，却不能欺骗一世。聪明反被聪明误，到头来吃亏受损失的只能是自己。

要知道，一个人信誉的树立不是一朝一夕就可以完成的，而是需要点滴的积累。因此无论在大事上还是小事上，诚信都是我们应该坚守的第一准则，不能因为任何的利益得失而动摇诚信的地位。要做到从生活中的点点滴滴处讲诚信，时间久了，我们的信誉就会逐渐树立起来，有了信誉，成功、财富和荣誉自然接踵而来。

家风故事

一饭之恩必报

汉朝初年，韩信被刘邦封为楚王，一到封地，他就立即传南昌亭长，寻找一位曾在淮河漂洗丝绵的老大娘。韩信要做什么？这就要从“想当年”说起。

秦末淮阴县的街道上能见到一位身穿长衫、腰佩长剑的青年，这就是当年的韩信。此时的韩信靠各处寄食为生，同乞丐一般。

淮阴县下乡有一个南昌亭，韩信就将南昌亭长家作为混饭的据点。头几顿饭还好混，可是一连几个月混吃，亭长的老婆实在看不下去了。一天，别人还在梦中，亭长老婆就起来做饭，别人家烟囱还没冒烟，她一家就早已吃完饭了。韩信按正常开饭时间赶到，亭长老婆却发话了：“韩公子如果没吃饭，就请到别处去吃吧。”韩信连羞带恼，转身就走，说：“我不会白吃你们做的饭，迟早会付你们饭钱！”从此，他再不来这里了。

有一天，韩信饿得实在不行了，就到城下淮河边钓鱼。几个老大娘正在河边漂洗丝绵。日近正午，老大娘们停下活计，开始吃午饭。

韩信不时往吃饭的那边望上一眼，不断咽唾沫。他要站起来，一起身却又觉得头晕眼花立脚不稳，差点跌倒。一位老大娘急忙赶过来问：

“这位公子，你莫非生病了？”

“我没有什么病，只是腹中无食。”韩信有气无力地说，“实不相瞒，我……我自昨日中午到现在，已是粒米未进了……”

“看你脸色就知道是饿的。”老大娘说，“稍等一会儿，我回家给你带些饭来。”

因为素不相识，韩信本想推辞，但辘辘饥肠使他说不出推辞的话。不多时，老大娘将饭篮提来，韩信顾不得别的，立刻狼吞虎咽，片刻即风卷残云。

“咳，年纪轻轻，怎么饿成这样？”老大娘问。韩信就说了自己的情况。

“这么说，明天吃饭还是个难事啊。”老大娘说，“这样吧，明天你还到这里来。”

第二天，韩信又到河边。就这样，那个老大娘在河边洗丝绵数十天，韩信就吃了数十天饱饭。最后那天吃完饭，韩信对老大娘说：“这些日子的事我永远都不会忘，将来一定好好报答您老人家！”老大娘一听就乐了：“我是可怜你才给你饭吃的，谁要你报答呀。”

当时，各路反秦义军蜂起，韩信先投项羽，再投刘邦。他帮助刘邦夺得天下，被刘邦先封为齐王，后又改封为楚王。楚王封地的都城离韩信当年挨饿的地方不远，韩信到了这里，立刻传南昌亭长寻找洗丝绵的老大娘。

老大娘不知道自己与堂堂的楚王有什么瓜葛，满腹狐疑地跟着人来到楚王府。见到韩信，老大娘认出来了，原来楚王就是数年前那个吃不上饭的年轻人，只是现在的气色已大不一样。

韩信先对老大娘表示感激之情，接着就宣布，赏赐老大娘千金。老大娘一辈子都没见过金子，忙说：“当年帮助公子，我可不是为了钱财。”韩信说：“我当初说过，一定要报答您老人家，说过的话怎能忘记，怎么能不算数？”

“只是，那点饭食也不值千金啊。”老大娘说。

“当年我说的是好好报答，并不是说偿还饭钱，怎么能计算饭食值多少钱?”韩信接着说。随即，他就派人将千金送到老大娘家中。

南昌亭长得知传召自己的楚王就是当年被自己老婆赶走的韩信，见面赶忙跪下。韩信说：“你可认得本王?”亭长不敢仰视。韩信指着亭长说，“当年我说过迟早还你们饭钱，今天就给你一百钱!”哗的一声，钱扔到地上。

多年前的河边一语、一饭之恩，是普通人都可能会忽略的小事，而堂堂楚王韩信对一饭之恩必报的品德，显出说话守信的可贵。

认识自我勿浮夸

【原文】

子使漆雕开仕。对曰：“吾斯之未能信。”子悦。

——《论语·公冶长》

【译文】

孔子让漆雕开去做官。漆雕开回答说：“我对自己做官还没有信心。”孔子听了很高兴。

守信立诚

孔子让漆雕开去做官，漆雕开为何要拒绝老师的要求呢?真正的原因并不在于他水平不够，而是出于他一向严格要求自己的本性。答应别人的事情一定要做好，否则宁可不答应。这种要求自己近乎苛刻的精神，在急功近利的当今社会越来越稀少，也越来越可贵。如今，我们随处可见的是完全不切实际的自夸和吹嘘，或是“半瓶子醋”的无知叫嚷，而他们滋生出的浅薄和错误，也常常给人以误导。

能够清楚认识自己的长处和短处，不矫饰、不浮夸，这种做人的品质是高尚的。自己能做的事就去做，做不到的事就让给比自己更有水平的人去做，这不仅是诚实，同时也是一种对自己、对别人都负责的态度。

家风故事

皇甫绩自罚三十板

皇甫绩，字功明，是隋朝安定朝那（今甘肃灵台西北）人。他的父亲在北周做过湖州刺史、雍州都督。皇甫绩刚刚三岁时，父亲就去世了，小皇甫绩被领到外祖父韦孝宽家去抚养。

外祖父很喜欢这个外孙子，让他跟两个孙子一块读书。

男孩子生来就淘气，几个男孩子到了一块，就变着法玩。皇甫绩年纪最小，当然玩什么都跟着两个表哥了。有一天，老师布置完当天背诵的段落和练习写的字以后，就离开了。大表哥从祖父书房拿来一副围棋，跟二表哥偷偷下了起来。皇甫绩还在诵读《孟子·告子上》中的一段书：“今夫弈之为数，小数也。不专心致志，则不得也。弈秋，通国之善弈者也。使弈秋诲二人弈，其一人专心致志，惟弈秋之为听；一人虽听之，一心以为有鸿鹄将至……将至……”往下就怎么也背不好了。正好这时候，两个表哥吵了起来。弟弟输了一盘棋，非要再下一盘不可。哥哥怕玩太久了，被爷爷知道，说什么也不肯下了。

“哎，你还背什么书？‘思援弓缴而射之。虽与之俱学，弗若之矣。’这我都会，一会儿老师来让你背书，我给你提词。来，我教你下围棋。我比弈秋差不了多少。”韦家二小子这回可找到一个能捞回一盘棋的对手了。

“我不会下棋。”皇甫绩说。

“那怕什么？只要你专心致志，保证你也成为一个‘通国之善弈者’，没准还能名冠天下呢！”二表哥怂恿说。皇甫绩想，孟子都说下围棋也得专心致志，一定有趣，就跟二表哥学下围棋。

下围棋最费时间。皇甫绩学得倒是很快，但要击败二表哥可不那么容易。这样，两个小家伙战得难分难解，正在皇甫绩执黑子，刚想吃掉对方一颗白子时，门口传来外祖父那威严而恼怒的声音："谁叫你们下棋不读书的？朽木不可雕也。今天的功课做完了吗？""做……做完了。他们刚开始下棋。"大表哥给两个弟弟打掩护。

"是做完了。爷爷，您不是说要教我们下棋吗？"老二撒了个谎，又转守为攻。

"外公，我们没做完功课。我背《孟子》还不太熟。大表哥背《离骚》，刚背了不一会儿，就到您书房拿来围棋玩上了。二表哥背《诗经·小雅》，倒挺认真，可也只背了一会儿就下棋了。"皇甫绩照实说了。

"敢说谎，好大的胆子！"韦孝宽脸气得煞白。"来人！给我把这两个孽种各打三十大板！"两个表哥屁股上都留下三十条红道子。

韦孝宽叫过皇甫绩，抚摸着他的头说："还是我外孙子诚实。"

"外公，我没做完功课就玩，也该打三十大板。"皇甫绩跪在地下请求。

"哎哟，我的外孙子，你父亲扔下了你，你又长得这么单薄。老头子，就别打他了吧！"外祖母搂着皇甫绩哭着说。

"外公外婆，孩儿已经是学童了。再不知道用功，荒废学业，将来怎么能成才？这次我和两个哥哥一块淘气，就该照数打我三十大板。"皇甫绩说着，趴在地上。皇甫绩的屁股上也留下了三十条红道子。从此，皇甫绩专心好学，博通经史，为隋文帝统一中国立下了功勋。

诚实，勇于承认自己的缺点，这并不仅仅是一种美德，也常常是颇有建树的人通向成功之路的阶梯。

千金不移守信义

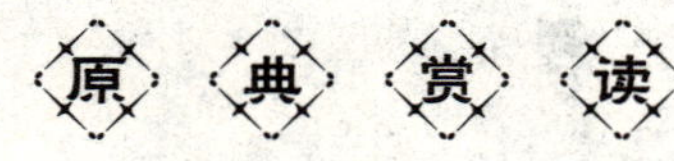

【原文】

许人一物，千金不移。

——《增广贤文》

【译文】

答应给人家一件东西，即使有人拿千金来交换也不能反悔。

守信立诚

讲信用，守信义，是立身处世之道，是一种高尚的品质和情操，它体现了对人的尊敬，也表现了对自己的尊重，自古以来，流传着很多信守承诺的美谈。

当然，要想做到守诺，首先就不要轻易许诺。三国时代，吴国大夫鲁肃在诸葛亮的如簧之舌煽动下，一时错乱，轻率地许诺作保把荆州借给了刘备。岂知这一许诺，使得东吴伤透了脑筋。围绕荆州，吴、蜀你争我夺，东吴是“赔了夫人又折兵”，气死了周瑜，为难了鲁肃。

轻诺别人，不仅会给自己带来不守信的声誉，招致许多麻烦，而且还会严重地伤害别人。要做到不轻诺，除了要有自知之明之外，还必须养成对客观情况做比较深入和细致了解的习惯。谨慎许诺！

一旦许诺，就要说到做到。这样才能成为守信、诚实、靠得住的人，否则，就容易在生活和事业中遭受失败。

在生活中，真正聪明的人一定是诚实守信的。做到诚实守信的一个重要准则，就是要求没有把握的话绝对不要说；有把握的话，在不适当的对象面前也不要说。特别要注意的就是千万不要轻易许下诺言，也就是“不轻诺”。“不轻诺”是人守信的基础。轻率许诺者，必是少有信义的人。与其最终成为失信的人，不如一开始就不对人许诺。

所以，你无论对任何一件事许诺的时候，都必须慎重地掂量。

家风故事

诺不轻许，助人到底

东汉末年，战乱频繁，兵戈不断。

有两个书生模样的青年人慌慌张张地往江边奔跑，还不时紧张地回头张望，在他们后边大约八十丈远近，可以看见一群兵在向他们追赶过来，提着刀，嘴里像在喊着什么。再远处，可见飘起的黑烟。

这两个青年人，后边的叫华歆，前边的叫王朗，都是当时很有名气的才子。后面追赶着的兵是奉了长官的命令捉他们的。跑到江边，华歆和王朗气喘吁吁地停住了脚步，惊慌地东张西望，温江之中，只在离岸不远处有一只小船。

“船、船家，快，快将船摇过来!”华歆一边上气不接下气地喊，一边紧张地向追兵的方向望去。

“你们要船吗?”船工打量着他们问。

“快送我们过江，我们必当重谢!”王朗说。

船工慢慢地往岸边摇船，问道：“只有你们二位先生吗?”

“只是我们二人。船家，快，快摇过来！”王朗大声说，向追兵的方向望。

船家顺着王朗望的方向看去，也看见了挥着刀向这边赶来的兵，大约有六十丈远近。他紧摇了两桨。

船尚未拢岸，华歆、王朗便忙向船奔去，一脚踏进水中，王朗踉踉跄跄几乎扑到水里，华歆忙伸手一把将他拉住。两人爬到船上，顾不得袍子下摆和裤子淌水，只是齐声说：“快，开船……”

船工摇桨，华歆、王朗再向追兵方向望去，大约只有五十丈远了。两人同时吐了一口长气，这才想起拧衣裤上的水。

“船家，请停住！”船还没摇出一丈，忽听岸上传来喊声。华歆、王朗忙抬头望去，只见一人已一边招手一边走进水中。刚才太紧张了，竟没看见这人是从哪里跑来的。

船家把桨停住，冲那站在水中的人说：“船已经被这两位先生包用了。先生你另想办法吧。”

“附近再没有别的船了。”那人左右一指。

船家看看华歆、王朗，没言语。

“两位先生，我这里有礼了。”那人对着华歆、王朗拱拱手，说，“我正被乱兵追赶，请让我搭乘你们的船过江去吧……”

华歆没有出声，若有所思。船家要说什么，见华歆没吱声，便没张口。

“追兵就要赶上来了，两位先生……”

“就让他上船吧！”王朗急了，大声说，“好在船上还有地方，帮他一把，我们一起渡过江去！”

华歆点头，那人赶紧淌水向船走过来，船工把船往他身边摇一遥。华歆将那人拉上船，船工赶忙摇桨。此时，追兵离江边只有四十余丈，连“站住”的喊声也可以听见了。

追兵赶到江边，先是分头找船，找了一气见实在没船，便纷纷下水泅渡追船。此时，船已去得远了。

泅渡的速度比船快，泅水士兵与船的距离渐渐缩短。经过刚才一段时间的猛摇，船工已有些精疲力尽，船一点点就慢了下来。华歆、王朗他们用手拼命划水也无济于事，眼看着泅水的士兵越来越近。

“船载太重，难以加速。请先生下船去泅水吧。”王朗看着搭船的那人说。

没等那人张口，华歆就对王朗说：“开始我迟疑没有答应这位先生搭船，正是怕出现眼下的情况。既然答应了人家，说一起渡过江去，就不能中途把人家丢下。”王朗不说什么了。

那些追兵泅水到江心已是筋疲力尽，泅水速度明显慢了，追不上船了，

船平安到达对岸。

后来，华歆在曹操集团里做官，还拥护曹丕做了皇帝。

不轻易答应别人的要求，答应了就做到对许诺的内容负责到底，这就是华歆表现出来的信用。而像王朗那样中途变卦，那是言而无信，大家切忌效仿之。

过而能改真君子

【原文】

人谁无过？过而能改，善莫大焉。

——《左传·宣公二年》

【译文】

人都有可能犯错误，若犯了猎误，只要改正了仍是好人。

守信立诚

人总要犯错，君子也会犯错误。君子和小人的区别不是犯不犯错，而是对待错误的不同态度。《易·象传》曰：“风雷益，君子以见善则迁，有过则改。”小人犯了过错一定是极力掩饰，而君子则善于改过迁善。

子曰：“过而不改，是谓过矣。”孔子说：最大的过错是知错不改。所以，君子应该做到宋代心学家陆九渊所说的“闻过则喜，知过不讳，改过不惮”。做到见贤思齐，勇于改正自己的过错，这样才能有所进步。

按理来说，知道自己的过失就应该及时改正，但一般人犯了错，因为觉得承认过错可能有损于自己的名誉，或者害怕承担责任，所以即使已经意识到自己的错误，但是仍然无动于衷。

要知道，小错不改很有可能铸成大错。汉字本身已经向我们说明了这个道理："过"的正体字是"過"，而"祸"的正体字是"禍"。寓意着如果不知悔改而继续走下去，就会由"過"造成"禍"。所以，如果已经知道这样做是不对的，就应立即改正，不能一再拖延，要做到"迁善如风之迅，改过如雷之烈"，一定要与过错一刀两断，彻底改正。

直面过错，鼓起改正的勇气和决心，那么，每一次过错就是通向成功的阶梯；忌讳过错，害怕改正，那么，每一次过错就是阻碍成功的绊脚石。

家风故事

孔子认错

有一年，孔子带着几个弟子来到海州游历。

一天，孔子向弟子们传授学问。他说："有些人生下来就知道所有的事情了。"弟子们都点头称是。正讲着，传来"哗啦啦"的响声，孔子忙说："听，山那边下起了雷阵雨，快停车！"有位弟子下了车，仔细听了听，说："这是山那边海浪拍打岩石的声音。"孔子一听是海，因为从来没有见过，就带着弟子，爬上了山顶。往东看去，只见波涛汹涌的大海一望无际。孔子感叹说："海真大啊！"于是就和弟子在山顶尽情观赏大海的景色。

一会儿，孔子口渴了，就让一位弟子下去舀点海水给他喝。弟子拿起瓢正要下山取水，一位小渔民看见了，不由哈哈大笑。孔子一愣，问："孩子，你笑什么？"小渔民说："海水又咸又苦，怎么能喝呢？你们真是书呆子！"

有位弟子听到小渔民这样批评孔子，生气了，对小渔民说："对圣人不能无礼！"小渔民却说："圣人不见得样样都懂，刚才想用海水解渴就错了。再说，他会打鱼吗？"说完，他奔下山去，驾起渔船出海捕鱼了。

孔子站在山顶，沉思了好久好久，觉得十分惭愧。他诚恳地对弟子们说："刚才我说有些人生下来就知道所有的事情，这话是不对的。我们千万

不可以不懂装懂啊!”孔子知错改错，人们更加尊敬他了，还把他登过的这座山叫“孔望山”。

黄金也有无足色

【原文】

黄金无足色，白璧有微瑕。

——宋·戴复古《寄兴》

【译文】

黄金、白璧这么珍贵的东西，尚有小小的瑕疵，何况是人啊!

守信立诚

追求完美是大多数人的意愿，正因为如此，很多人对于自己的缺点，都不能坦然地面对，而是想尽一切办法去掩饰。结果掩饰来掩饰去，最终漏洞百出，让人感觉虚伪、不真实，于是又徒增许多无谓的烦恼。

在生活中，有一些人因为不敢坦诚面对自己的缺点，也会犯像乌鸦一样的错误。他们自欺欺人，生活在虚无之中，对于自己的缺点不能勇敢面对，只是极力去掩盖。

其实，在这个世界上，每个人都有优点和缺点，绝对没有十全十美的人。人的优缺点有的是与生俱来，无法改变的；有的则是被后天环境诱发而成的；有的则与性格无关，纯粹是一种外在的条件，例如美与丑。不论你愿不愿意，这些优缺点都将会伴随着你，有的甚至会伴随你一辈子，对你产生重要影响。

“金无足赤，人无完人”，虽然最优秀的人都会有或多或少的缺点，但是只要敢于去正视它，努力去改正、去完善，它就不会成为阻碍成功的绊脚石。我们每个人都有或多或少、或大或小的缺点，有的人善于正视自己的缺点，努力去改正、去完善，那么他身上的缺点就会越来越少，优点就会越来越多；而有的人为了顾全面子，明知是缺点，却还一味地坚持，生怕别人知道了会耻笑他，往往一错再错。

总而言之，百般掩饰自己的缺点，无疑是让蛀虫在自己身上蛀洞，最终只能毁了自己。对于一个人而言，勇于承认自身的错误和缺点，才是智者的心态，也是勇者的行为。

家风故事

邹忌正视他人的优秀

邹忌是战国时人，在齐威王朝廷里当宰相。他长得很美，高高的个子，体态匀称，宽肩膀，高鼻梁，棱角分明，须发乌黑而茂密，皮肤白皙而红润，眼睛里闪着深邃睿智的光芒。他举止潇洒，走起路来，刚健中透出几分飘逸。他对自己的美貌很自豪，他的家人、朋友都说他是天下第一美男子。他非常注意自己的仪表，每天都要对着镜子照几遍。

一天，邹忌对着青铜镜，仔细照了照自己的脸，发现眉毛太浓了一点，又仔细一看，上面还有几道抬头纹，觉得不怎么好看。他擦了擦镜子，再看，还是那样，就叫来妻子，问她："我和城北徐公相比，谁美?"妻子亲昵地说："夫君，您美极了，徐公怎么比得上您呢?"

城北徐公是齐国公认的美男子。邹忌只是远远地看过几眼，从来没有对着镜子和徐公比一比。听了妻子的话，邹忌还是不自信，又打发人去叫小妾。这个小妾是邹忌不久前新娶来的，家境贫寒，父母双亡，卖身为奴到了邹忌家，被邹忌纳为妾。她一听邹忌有话要问，立刻怯生生地走了过来。邹忌问："我和城北徐公相比，谁美?"小妾娇怯地说："徐公怎么比得上您呢?"

第二天，家里来了一个客人，寒暄几句之后，邹忌问客人："我和城北徐公相比，谁美?”客人爽快地说：“当然是您美，城北徐公比您差远了。”说完就拜托邹忌在齐王面前美言几句，以便在朝廷里谋一个差事干。

有一天，城北徐公到邹忌家来做客，向他推荐一位贤才。邹忌一听徐公来了，立即吩咐：“有请徐公。”

徐公在邹府门外下了马车，迈着刚健优美的步伐走进了邹忌的宅院。邹忌看徐公的步态，觉得从容和缓中蕴含着阳刚之气，比自己在朝廷中多年养成的那种小心翼翼的步子好看多了。把徐公请进客厅里，分宾主落座，二人亲切地叙谈起来。邹忌差点儿忘了徐公的来意，眼睛一会儿端详徐公的脸，一会儿审视自己映入镜中的脸，一会儿窥视徐公的肩，一会儿又对照自己映入镜中的肩，觉得自己比徐公差远了。

徐公受人之托，说明了来意。邹忌答应面见那位贤才，徐公告辞而去。

邹忌送走徐公，望着徐公渐渐远去的背影，久久伫立着。他被徐公的美貌深深折服，同时顾影自怜，发现自己越来越多的缺点，徐公的眉毛像两柄利剑，配上那双会说话的眼睛，忽闪忽闪的，动人极了；而自己的眉毛由于长期陪伴君王，早已变得向下低垂。徐公的背笔直挺拔，双肩又平又齐，像一棵斗雪傲霜的苍松；而自己的背，由于多年在朝堂站立，不敢仰视，已经有点弯曲，双肩也变得一高一低了。

晚上，邹忌躺在床上，翻来覆去睡不着觉。他终于弄清了一个简单的事实：自己不如徐公美。那么，为什么妻子、小妾、客人都异口同声地说自己比徐公美呢？答案也是明摆着的，妻子说我美，是因为爱我；小妾说我美，是因为怕我；客人说我美，是因为有求于我。感情和功利都会蒙蔽人的眼睛。

第二天，邹忌到了朝堂，向齐王奏明了自己的想法，并说：“现在大王宫中的妇女，个个都想得到您的宠爱，朝臣人人都怕遭到您的贬责，境内到处都有想求您恩典的人。这样看，您听到的好话太多了，受到的蒙蔽太多了。”

于是，齐王下令：“凡是能当面指出我的过错的人，受上赏；写信批评我的人，受中赏；在街头巷尾议论我的过失，传到我耳朵里的，受下赏。”齐国由此富强起来。

正视他人的优秀，正是承认自己的不够优秀，这需要很大的勇气，却又是正视自己的人必须做到的。

做人要坦坦荡荡

【原文】

子曰：君子坦荡荡，小人长戚戚。

——《论语·述而》

【译文】

孔子说：君子心胸宽广，能够包容别人；小人爱斤斤计较，心胸狭窄。

守信立诚

做人坦荡，就是说人在一生之中，无论处于何时何境，是贫是富，不管大权在握，抑或人微言轻，都应坚守心中的真诚纯洁，胸襟宽阔地为人处世。

“君子坦荡荡，小人长戚戚”。坦荡做人能多一份真挚，少一些虚伪；坦荡做人可以多一些透明度，少一点灰暗度；坦荡生活总是多一份豁达，少一份提心吊胆。心里不坦荡，就会备受世俗纷扰，就不能问心无愧地生活。坦坦荡荡做人，光明磊落做事，毫无邪念，心里有正气，那么这人在现实生活中，就能举止端庄，言行正派，心正不怕影子斜。人生坦荡了，就能常有快乐的心情，积极应对各种挑战，笑对人生，达观向上。

在人生当中，不可避免地会受到各种欲望的诱惑。欲望，会使我们内心产生好、恶，对待事物产生取、舍，破坏心态的平衡。如果为一点小钱，要一点小聪明、小智术，表面上看是尝到了一点甜头，实际上却丢失了人格，且容易背负恶名，让自己臭名昭著。更重要的是不仅难以坦荡做人，内心充满矛盾和不安，最终也会活得心力交瘁，内心不得安宁。

因此，无论做什么事情，我们必须坦荡磊落，对得住自己。这样才能问心无愧地生活，生活才会带给我们快乐的体验。

家风故事

踏实办事诚信做人

赵亮是成都一家民营企业的普通工人，他所在工厂的老板以商场拖欠了货款为由，一个夏天都没有给员工发工资。中秋节的时候，他总算是领回了一半的工资，但工厂也停产了。

有一天，儿时伙伴卢江找上门来，赵亮这才知道卢江已经发财了。卢江高中毕业后到深圳打工，在那里经过几番周折后开了酒楼，赚了不少钱，好多年都没有回家乡了。离家越久，就越思念家乡和儿时的伙伴。

这一次来成都，他一打听到赵亮的地址就来了。卢江说这次回来他发现家乡变化也很大，他想在成都开一个分店，正好赵亮没有事做，又很熟悉这里的环境，就让他带自己四处走走，查看一下行情。他们终于看中了繁华地段的一个门面，那里原来是个粮油店，面积有 200 多平方米，一个月的房租是 8000 元，卢江说这在深圳起码要 3 万元。他打算把它装修成酒楼，成都人爱吃辣的，就打算搞个重庆火锅。

卢江画了一张装修的设计图，规定了材料，留下了 15 万元的现金存折给赵亮搞装修和买设备，随后就赶回深圳去照看他在深圳的两个分店。卢江投资出主意，赵亮负责操办，一个出钱一个出力，利润是对半分。赵亮做梦都没有想到会有这么好的机会，还一下子做了火锅城的经理。

卢江走后，赵亮就开始到处联系装修队，比较质量，讨价还价，几个装修队都想抓住这个业务。那天，赵亮一回到家里，妻子就高兴地告诉他，有个装修队姓刘的经理下午来放了 1 万块钱，还留下了一张名片和一句话“多多关照”。

赵亮说：“这个钱不能收。”而妻子却劝说：“没关系，没有人会知道的，即使知道了也不是贪污公家的钱，不会犯法的。”

赵亮还是坚持说：“人家卢江对我这么信任。我绝不能做对不起人家的事，我要对得起自己的良心。”妻子说：“无商不奸，不奸赚不了钱的。”

赵亮还是拿上钱去找刘经理了，并很快敲定了一个报价比刘经理低 3 万多元，施工质量也更好的装修队。装修完毕又忙着买厨房用具、桌子、凳子和汽炉火锅，每一次写发票的时候，他也总是实事求是，从不弄虚作假。

正因为赵亮做人坦诚磊落，所以他和卢江合作得很顺利，两个人相互信任，生意也是做得红红火火。

进学不诚则学杂

【原文】

进学不诚则学杂，处事不诚则事败，自谋不诚则欺心而弃己，与人不诚则丧德而增怨。

——《二程集·论学篇》

【译文】

做学问不诚实学业肤浅，做事不诚实就会失败，自我经营不诚实就是自欺欺人糟践自己，与人交往不诚实就会丧失道德并增加积怨。

守信立诚

对求学者来说，最值得高兴和自豪的是掌握了有用的知识和高超的技能。在学习的过程中，学子想要真正获取知识和本领，练就一身真才实学，先要学会做人，养成踏实做事、诚信求学的态度，勤学苦练，不偷懒，不取巧，坚持实事求是，"知之为知之，不知为不知"的作风。更高层次应该是在学业和学术上不弄虚作假，实事求是，尊重科学，遵从学术规范，并自觉与学术不端行为做斗争。

欲做学问，须先学做人，只有把"人"字写端正了，治学才不会背离根本。诚实做人，老实做学问，这是一种人生态度，也是一种人生哲学。

家风故事

作画和做人

梁国志是清朝乾隆年间人，他从小就聪明好学，可是他家里很穷，父亲想让他放弃学业，做些小生意来养家糊口。梁国志为此苦苦哀求父亲，让他再读几年书。街坊邻居见了，也觉得梁国志不读书太可惜了，就帮着说情，有的还愿意帮他出学费。父亲也盼着将来儿子能有些出息，家里日子就好过了，于是就答应让他继续学习。

村子里的乡亲们都是忠厚老实的人，心肠很好，虽然都不富裕，但是经常帮助贫困的梁家。全村的人都盼望着梁国志将来能出息，好给他们村子争争光。小国志知道，自己一定不能辜负乡亲们的期望，学习也就更加努力了。由于梁国志从小就在这样一个和谐友好的环境下成长，他从小就养成了善良、诚实、正直的性格。

公元 1741 年，年仅十七岁的梁国志就中了举人，二十四岁那年，他又中了头名的状元。梁国志在朝廷当了官以后，不忘家乡父老，经常用自己的俸银为乡亲们办事。无论在哪里当官，他都替老百姓着想，受到老百姓的好评。

梁国志不但学问高，人品好，而且还擅长书画，谁要是得到他的书画作品，都当做宝贝收藏起来。他的儿子受他的感染，很小的时候就对书画产生了兴趣，吵着让梁国志教他画画儿。

一天，儿子又拿着画笔来找父亲，还弄得满脸都是墨汁。梁国志见了就想笑，帮儿子擦了擦脸，然后语重心长地对儿子说：“学作画之前，要先学会做人，没有人格的人，永远也不会成为优秀的书画家。”

儿子抬起稚嫩的小脸，很疑惑地问爸爸：“画画儿就画画儿呗，和做人有什么关系?”梁国志说：“一个真正的画家，是用心在画，而不是用笔在画。如果你是一个诚实、正直的君子，你的画也就会充满正气，让人一看就觉得充满灵气。”

儿子眨眨眼睛，好像还不是很懂，于是梁国志就讲了宋朝有大奸臣秦桧的例子。他说：“秦桧其实是一个很有才华的人，他的书法相当好，可他是历史上有名的奸臣，品行十分恶劣。他死了以后，人们一听到他的名字就咬牙切齿地骂他，没有人愿意收藏他当时留下的书法作品，都认为留着他的字会带来灾难，他的作品不是被撕毁后扔到粪坑里就是让人用火烧掉。他的字现在留下的已经很少了，人们讨厌他的字其实是讨厌他这个人。”

儿子点点头，好像听明白了。梁国志又说：“诚信是做人的第一步，不说谎话、讲信用的人，才会挺起胸脯光明磊落地做人。”

儿子听了，牢记父亲的教导，一生坚守诚信的品格，后来他真的成了当时很受人尊敬的著名画家。

诚信是做人的第一步，品行端正，为人诚实，是做学问的基础。

实事求是才是真

【原文】

修学好古，实事求是。

——《汉书·河间献王刘德传》

【译文】

精修学问，喜好古道。稽考事实，以求正理。

守信立诚

物质世界，如果没有感觉器官，就无法去认识它，有了感觉器官，也就有了局限，受感觉器官的局限，也就很难有真正的认识。因此，在面对问题，分析问题时一定要做到实事求是，对不能掌握的知识、事物不作过于肯定的评价。对于有争议的事物，既要有自己的思想，又要充分去理解他人的思想，这样才算是真正的实事求是。实事求是是诚信的具体表现，也是最起码的为人准则。

家风故事

实事求是存古籍

西汉年间，有一位勤于治学的人，名叫刘德，汉景帝时封在河间一带（今属河北省）。献，是他死后的谥号，他“聪明睿智”，所以后人称他为河间献王。

我国古代的文化典籍十分丰富。但经过秦始皇焚书，楚汉连年争战，损失非常严重。西汉初年几位皇帝忙于平定叛乱，对付外族入侵，无暇顾及整理古书。到汉武帝当政的时候，简直到了“书缺简脱，礼坏乐崩”的地步。

河间献王是汉武帝同父异母的弟弟，他所在的河间国面积虽然很小，但在汉初的诸侯叛乱中，却保持了安定。再加上河间献王自幼热爱古代文化，又有皇子这样一种特殊身份，所以，四面八方的学者不远千里，到河间国来讲学，研习经典，一时河间国成了一个学术中心。

秦以前的古书，大部分是用竹简、木简书写的，经过战乱、焚书、水灾和蠹虫咬食，已经所剩无几了。所以汉朝初年传授先秦典籍，还要依据那些经历了秦始皇焚书坑儒而幸存下来的老年学者的口授，他们的记忆就是活资料。但常常会出现这种情况，同一部书，几个学者记诵的不一样。读起来的似乎都有道理，却又不知道究竟哪个是正确的，哪个是错误的。

修学好古、实事求是的河间献王，并没有被这些困难吓倒。他决心在众说纷纭中，清理出一个头绪，以便让人们拨开丛生的杂草，踏出一条通向古代文明的蹊径。

儒家经典的博大精深，令河间献王感到仰之弥高，钻之弥坚。但孔子的72个大弟子分别传授和解释，早就出现了分歧，形成了不同的流派，加上字形讹异，古今音变，像一团乱麻，不知该从哪里下手。河间献王遵循孔子倡导的“知之为知之，不知为不知”“多闻阙疑”的原则，主张实事求是，就是用事实作证据，以便去伪存真，舍非求是。

河间献王把希望寄托在先秦古书上，试图用先秦古书来验证那些不同的说法，以确定真伪是非。

有一次，河间献王从民间得到一部善本书，他非常珍爱，就重重地赏给了献书人很多金帛，并让擅长写字的人从头到尾精心抄写一遍。这件事一传开，那些祖先存有古书的人家，纷纷把珍藏多年的古书献出来。几年之间，河间献王的藏书竟与西汉朝廷相等。《周官》《尚书》《礼》《礼记》《孟子》，以及《老子》之类，古本真传都收藏在河间王府里。

河间献王把古代经典整理好以后，就用儒家的六经——《诗经》《书经》《易经》《礼经》《乐经》《春秋经》作为教材，选拔人才，设立毛氏诗博

士和左氏春秋博士两个高级职称，在河间国发展起儒学教育事业。儒家讲求身体力行，河间献王依照古代礼乐制度，进行实际操演，要求群臣的举止动作语言都合乎六经的规范。这样，各地的儒者都纷纷来到河间国学习。

汉武帝时，河间献王到咸阳朝见皇帝，带来一支演奏雅乐的乐队，给汉武帝表演以后，大受赏识。汉武帝在辟雍、明堂、灵台三处宫殿里召见了河间献王，向他征询对整理古代文化遗产的意见。河间献王发表了简明扼要而又中肯的看法。后来，汉武帝采纳了河间献王的建议，建立了收藏古书的国家图书馆，设置了抄写古书的政府机构。

河间献王为保存和整理古代文化遗产作出了杰出贡献。他开创的实事求是治学风气，体现了儒学诚意的真谛。

第三章

以诚交友：人际交往信当先

在这个世界上，每个人都需要朋友，都渴望在芸芸众生中找到知己。但是，在择友、交友、待友时，我们必须遵循一个原则，那就是诚信。正如《论语·学而》中所说的那样：“与朋友交，言而有信。”只有这样，才能获得“三杯吐然诺，五岳倒为轻”般的珍贵友谊。孔子说：“德不孤，必有邻。”讲诚信的人是不会孤单的，一定会有志同道合的人来和他相伴。

人际交往信当先

【原文】

与朋友交，言而有信。

——《论语·学而》

【译文】

同朋友交往，说话要诚实、恪守信用。

守信立诚

人际交往同人类其他所有的社会活动一样，必须遵循一定的活动原则，否则将不能取得好的效果。对于人际交往来说，诚信原则无疑是其首要原则，也是最为根本的原则。没有真诚待人的品质，要使人际交往得以延续和发展是不可能的。真诚待人是通向心灵彼岸的必由之路。人与人之间以诚相待，才能相互理解、接纳、信任，才能团结相处，才会产生继续交往的需要，也才会使交往向纵深发展，从而使交往得以延续。相反，不遵循诚信原则，交往主体彼此虚情假意，谎话连篇，是难以取得对方信任的。没有信任，交往就只能是应付、敷衍，只能停留在表面层次，不能深入，也就不能形成良好的人际关系。唯有真诚待人、相互信任，才可能建立起良好的人际关系。

孟子也主张“朋友有信”，可见诚信是维系朋友之间关系的纽带。朋友之间不具有从属关系，是一种平等关系，没有强制性的权利和义务限制，而只有共同的情趣、爱好、志向或理想，因此维系友情的纽带只能是诚信。即使对陌生人，孔子也主张“己所不欲，勿施于人”，从而用诚信来维持陌生人之间的关系。友谊的获得，需要与人为善，以心换心。在现代社会生活中，以诚相见，以诚相处，以心换心，献出真诚和善意，不仅会获得友谊，而且会使友谊之树长青。

家风故事

李勉葬银

李勉是唐朝人，从小喜欢读书，并且注意按照书上的要求去做。时间长了，就成了习惯，培养出了诚信儒雅的君子风度。

有一次，他出外学习，住在一家旅馆里。正好遇到一个准备进京赶考的书生，也住在那里。两人一见如故，于是经常在一起谈论古今，讨论学问，久而久之，便成了好朋友。

有一天，这位书生突然生病，卧床不起。李勉连忙为他请来郎中，并且按照郎中的吩咐帮他煎药，照看着他按时服药。一连好多天，李勉都细心照顾着书生的起居饮食。可是，那位书生的病不但没有好转，反而一天天地恶化下去了。看着日渐虚弱的朋友，李勉非常着急，经常到附近的百姓家里寻找民间药方，并且常常一个人跑到山上去挖店里买不到的草药。

一天傍晚，李勉挖药回来，先到朋友的房间，看见书生气色似乎好了一些。他心中一阵欢喜，关切地凑到床前问："感觉可好一些?"

书生说："我想，我剩下的时间不多了，这可能是回光返照，临终前兄弟还有一事相求。"

李勉连忙安慰道："哥哥别胡思乱想，今天你的气色不是好多了么?只要静心休养，不久就会好的。哥哥不必客气，有事请讲。"

书生说："把我床下的小木箱拿出来，帮我打开。"

李勉按照吩咐做了。

书生指着里面一个包袱说："这些日子，多亏你无微不至的照顾。能结交你这样一位真诚的朋友，我也算没白来人世走一遭。这是一百两银子，本是赶考用的盘缠，现在用不着了。我死后，麻烦你用部分银子替我筹办棺

木，将我安葬，其余的都奉送给你，算我的一点心意，请千万要收下，不然的话兄弟我到九泉之下也不会安宁的。”

李勉为了使书生安心，只好答应收下银子。

第二天清晨，书生真的去世了。李勉遵照他的遗愿，买来棺木，精心为他料理后事。剩下了许多银子，李勉一点也没有动用，而是仔细包好，悄悄地放在棺木下面。

不久，书生的家属接到李勉报丧的书信后赶到客栈。他们移出棺木后，发现了陪葬的银子，都很吃惊。了解到银子的来历后，大家都被李勉对朋友的真诚所感动。

恭则不悔宽得众

【原文】

恭则不悔，宽则得众，信则人任焉，敏则有功，惠则足以使人。

——《论语·阳货》

【译文】

对人诚敬、有礼就不会招致侮辱，对人宽厚就能得到众人拥护，对人诚信就能得到别人任用，对事勤敏就能取得成功，对人恩惠就能很好地使唤人。

守信立诚

对人恭敬、有礼就不会受到侮辱，此乃敬人自敬。要受人尊重，先必须尊重他人。不能敬他人者，怎么奢求获得他人的尊敬呢？一枚硬币有两面，日常生活中，懂得尊重别人的人通常也会被别人尊重。尊重他人的人，具有良好的个人素养。

这样的人，能够掌握人与人之间交往的方式，把握好交往的必要利益和尺度。通常尊重别人的人，不仅仅表现在对待他人彬彬有礼的外在礼仪方面，他们还能够正视别人的缺点，不窥探别人的隐私。可见，学会尊重是成功的开始，这句话确实可以当做许多人的座右铭。

家风故事

与人为善的企业家李嘉诚

李嘉诚是个与人为善的人，万通公司董事长冯仑对此深有体会：“李先生76岁，是华人世界的财富状元，也是大陆商人的偶像。大家可以想象，这样的人会怎么样？一般伟大的人物都会等大家到来坐好，然后才会缓缓过来，讲几句话。如果要吃饭，他一定坐在主桌，我们企业界20多人中相对伟大的人会坐在他边上，其余人坐在其他桌。饭还没有吃完，李大爷就应该走了。如果他是这样，我们也不会怪他，因为他是伟大的人。

“但是，我非常感动和意外的是，我们开电梯门的时候，李先生在门口等我们，然后给我们发名片，这已经出乎我们意料——李先生的身家和地位已经不用名片了！但是他却像做小买卖一样给我们发名片。发名片后我们一个人抽了一个签，这个签就是一个号，也就是我们照相站的位置，是随便抽的。我当时想为什么照相还要抽签，后来才知道，这是用心良苦，为了大家都舒服，否则怎么站呢？

“抽号照相后又抽个号，说是吃饭的位置，又为大家舒服。最后让李先生说几句，他说也没有什么讲的，主要和大家见面，后来大家鼓掌让他讲，他就说他把生活当中的一些体会与大家分享吧。然后看着几个老外，用英语讲了几句，又用粤语讲了几句，把全场的人都照顾到了。

“之后我们就吃饭。我抽到的正好是挨着他隔一个人的位子，我以为可以就近聊天，但吃了一会儿，李先生起来了，说抱歉他要到那个桌子坐一会儿。后来，我发现他们安排李先生在每一个桌子坐 15 分钟，总共 4 桌，每桌都只坐 15 分钟，正好一小时。临走的时候他说一定要与大家告别握手，每个人都要握到，包括边上的服务人员，然后又送大家到电梯口，直到电梯关上才走。”

有人会想，李嘉诚的客气会不会因为他会见的是商人？其实不是，2007 年，《全球商业》杂志的记者采访李嘉诚时也受到了礼遇：“在我们抵达之前，他已在会客室等候，见我们抵达，立即站起，掏出名片，双手递给我们。笑容让他的双眼如同弯月，财富并未在他身上留下刻痕，虽拥霸业，却无霸气。”李嘉诚对他人的善意是发自内心的，他说：“我首先是一个人，然后是一个商人。”

李嘉诚的成功范例证明他是善于处下的好领导。在“处下”的新思维下，产生了很多新方法，比如：服务式的领袖风格，价值为基准的领袖方法，以人为本的管理原则，区分问题和人的谈判风格，等等。这些无不给企业的发展带来了持续的动力与不息的活力。

李嘉诚虽然是一个商人，但不是一个为了自己利益而放弃原则的人，他与人为善，他是用一颗真心在做生意。就如他说的，他首先是一个人，然后是一个商人。他并没有因为钱而使自己的人生观、价值观偏离道德的轨道，从这一点上，可见他是一个“仁商”。

与人交以诚释心

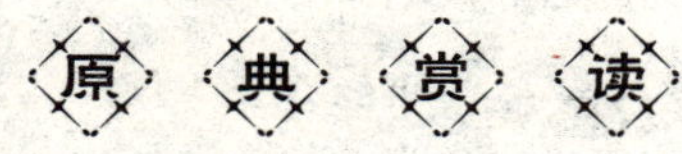

【原文】

子曰：晏平仲善与人交，久而敬之。

——《论语·公冶长》

【译文】

孔子说：晏平仲善于和别人交朋友，交往越久，别人越尊敬他。

守信立诚

人生在世，每个人都需要朋友。俗话说："一个篱笆三个桩，一个好汉三个帮"。每个人都需要友谊，友谊是一个人的生活必需品，友谊也是一个人在生活中不断向往追求的。那么，怎样才能获得你所向往的友情呢？孔子告诉我们：为人处世，交友交心，以诚释心是其中一条非常重要的原则。

相识满天下，知心能几人？能够善始善终，将友谊保持一辈子的朋友是很少的。可晏子这人却很了不起，他不仅能和朋友善始善终，保持友谊，而且还能让朋友越久越尊敬他。是故，"久而敬之"成为一种理想的交友境界。而圣人也强调要做到这一境界，关键就在于一个"诚"字。

在交友过程中，戒心有时是一个令人恼火的事情。交友中，我们总是时刻提防着，或者怀疑友情，或者藐视真情。正是这些戒心让我们的交友之路变得举步维艰，甚至酿成千古遗憾。

我们知道，三国时期的曹操可谓是疑心最重的人。当年他刺杀董卓被识破以后，逃亡中投奔他父亲的结拜兄弟吕伯奢。因害怕被出卖，仅闻磨刀

声，竟然就拔刀直入吕家，一气杀死八人，事后才知道人家磨刀是为了杀猪招待他。在逃跑的途中，曹操又杀了卖酒归来的吕伯奢。这种戒心可谓是交友、处事过程中的极大障碍。

是故，朋友相交，消除戒心是当务之急。为此，古往今来，很多人为了达到与人相交的目的，总是需要千方百计地消除对方的戒心。

古人如此，今人更是如此。随着人类社会的发展，文明的发展在促进经济、科技进步的同时，也使得人与人的交往变得越来越容易。然而，事实恰恰相反，生活于其中的人却越发觉得人与人之间的距离越来越远，大伙彼此防范着，彼此掩藏着，不敢轻易向他人展露自己的友善。大家似乎都忘了孔子在几千年以前就告诉我们的方法了——朋友交往在于交心，以诚相待是基础。

家风故事

季札挂剑示诚心

春秋时代，吴王寿梦有四个儿子：长子名叫诸樊，次子名叫余祭，三子名叫余昧，四子名叫季札。季札最有才华，人品又好。寿梦想传位给他，三个哥哥也都愿意让弟弟季札当吴国国王。于是，他们想出了一个父传子、兄传弟的继承顺序。

寿梦死后，诸樊继任为吴王，在位十三年去世；其二弟余祭继任为吴王，在位十七年去世；其三弟余昧继位，余昧只当了四年国王，就死了。接下来小弟弟季札应当继承王位，可是季札不肯即位，最后逃走了，只好由余昧的儿子僚继承王位。

这里说的是季札出访中原诸侯国的故事。

公元前 544 年，吴王余祭为了向中原诸侯表示友好，也为了让中原诸侯了解季札，就派季札以吴国公子的身份出使中原。

吴国早期的主要范围在今天的江苏省中南部的南京、扬州一带。季札离开吴国踏上北行之路，首先到达的是徐国。徐国是一个很小的诸侯国，在今天江苏北部洪泽湖畔。季札并未因为徐国弱小就藐视徐国国君，而是以礼相见。徐国国君当时正卧病在床，他一看见季札佩带的那柄宝剑，眼睛里就闪出兴奋羡慕的光芒，简直忘记了自己正重病在身。他从剑柄一直看到剑鞘，连上面的装饰也不放过。原来徐君是一个爱好剑术的人，他非常想有一柄锋利的宝剑。当时吴国的铸剑技术是一流的。徐君多次派人去买，也没有得到真正的吴国宝剑。

善解人意的季札见徐君如此爱慕自己的佩剑，就解下宝剑，交给徐君仔细观赏。徐君在床上抽出宝剑，只见寒光闪闪，爱不释手，然后又从剑柄一直摸到剑锋，兴奋地从床上站起来，一招一式地舞起剑来。舞了几式后，感到力不从心，但又觉意犹未尽，嘴里还连连称赞："好剑！好剑！果真是吴国宝剑，名不虚传。"说完，就双手捧起宝剑，还给了季札。

季札接过宝剑，重新挂在腰上。病魔缠身的徐君，本已是骨瘦如柴，连走路的力气都没有了，见到一把好剑，竟神奇般地舞了起来。激烈的运动，使他那虚弱到了极点的身体再也支持不住了。只见他面色苍白，呼吸微弱，然而两只眼睛还直勾勾地盯着季札腰间的宝剑。

看着爱剑到了如此地步的徐君，季札心里矛盾极了，若依他的本意，他会立即解下宝剑送给徐君。然而，他此次出使，要去中原的许多国家，不佩带宝剑是不合礼仪的。吴国素来以铸造好剑而闻名于诸侯国，因此用徐国的剑代替是不行的。无奈，季札只好装糊涂，与徐君告别，继续北上。

在鲁国，他受到了隆重欢迎，并观看了鲁人表演舜帝的箫韶舞蹈，大饱眼福。在齐国和郑国，他与晏婴和子产结成了知己，推心置腹地交谈。从这两位贤人身上，他获得了更多的知识和启迪。

季札在中原诸侯国访问结束后，又取道徐国南归。到了徐国，才知道徐君已经去世了。他为没能在生前将佩剑送给徐君而深感惋惜，于是他到徐君的陵墓去吊唁一番，然后解下腰间的佩剑，挂在徐君墓旁的一棵树上。陪同季札的人问："徐君已经死了，你这宝剑给谁呢？"季札回答说："当初我已经从内心里答应把这把宝剑赠送给徐君了，怎么能因为徐君一死就背叛我的诚心呢？"

不因利害而转移，不因生死而改变，季札以诚交友的故事流传至今，令人钦佩。

众心成城协作胜

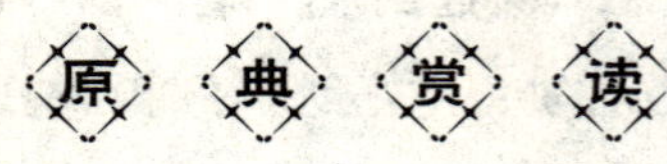

【原文】

君子和而不同，小人同而不和。

——《论语·子路》

【译文】

君子讲求和谐而不同流合污，小人只随声附和，而不讲求协调。

守信立诚

和而不同虽是一种办事原则取向，但其表现出来的更是一种协作处世的艺术。在圣人看来，君子之所以“和而不同”，是因为君子重视公平，尊崇正义，能从公出发，顾全大局，达到政平、人和、心齐的境地；而小人之所以“同而不和”是由于唯利是图，因而见风使舵，随声赞同、盲目附从。前者坦诚，与之同处共商，能同舟共济，没有做不成的大事；后者伪饰，与之同处共商，钩心斗角，没有顺顺当当可以议成的决策。是故，真正的君子懂得：只有善于与人合作，才能获得更大的力量，取得更大的成功。

协作就是力量，协作就可以成功。治家如此，处世也亦如此。在当代，我们不管做什么，最重要的就是团结协作，形成一股凝聚力。

一个人的成功只能是小小的成功，而协作换来的成功更伟大。

人们曾经认为，修建一条从太平洋沿岸到世界最长的山脉——安第斯山脉的铁路是不可能的。但是一个波兰血统的工程师欧内斯特·马林诺斯基却以实际行动对这个想法发起了挑战。1859年，他建议从秘鲁海岸卡亚俄修一条到海拔15000英尺高的内陆铁路——如果成功了，这将是世界上海拔最高的铁路。

安第斯山脉险情四伏，其海拔高度已使修筑工作十分困难，再加上严酷的环境，冰河与潜在的火山活动，使修建工作更是困难重重。只经过一小段距离，山脉就从海平面一下子上升到一万英尺的高度。在这个险峻的山脉中，要把铁路修到海拔高处，需要建造许多"之"字形、"z"字形线路和桥梁，开凿许多隧道。

然而，马林诺斯基和他的团队成功了。整个工程有大约100座隧道和桥梁，其中的一些隧道和桥梁是建筑工程上的典范之作，很难想象在如此起伏巨大的山地中竟然能靠那些较为原始的工具完成这个工程。今天，铁路仍然在那儿，它是修建者最好的证明。

人生事业的成功靠的就是这种协作精神。

协作互助是人与人之间心灵的桥梁，能把分散的个体凝聚成一个充满活力的整体，发挥出超常的力量，战胜原本不可能战胜的困难。

人生在世，不仅要有竞争，还需要协作互助。

家风故事

张巡、许远团结守睢阳

张巡，河南南阳人。许远，浙江海宁人。他俩一个是唐朝真源县县令，一个是睢阳太守。在安史之乱中，张巡和许远团结一心，共守睢阳城，对阻止叛军南侵江淮地区起到了很大作用。后因外援断绝，兵粮俱尽而牺牲。他们是我国历史上著名的爱国英雄。

公元755年，唐朝平卢、范阳、河东三镇节度使安禄山和他的部将史思明，趁唐朝统治腐败，军队战斗力大减的时机，反叛了唐朝。在安禄山的放纵下，叛军每攻占一处地方，都奸淫掳掠，残害百姓，给人民带来深重的灾难。

当叛军打到河南东部和安徽北部的时候，张巡的上司，谯郡太守杨万石投降了叛军，并命令张巡迎接叛军进城。张巡接到了命令不但不投降，反而率领当地的百姓和士兵举起了讨伐叛军的义旗，收复了被叛军占领的雍丘城。

在雍丘城守卫战中，张巡和叛军斗智斗勇，杀退了敌人数次进攻，使叛军损兵折将，不敢再和张巡交锋，只得下令解围退走。

公元 757 年 2 月，安禄山的儿子安庆绪为了夺取唐朝重要的物资供给地江淮地区，派大将尹子奇统率十几万人马进攻江淮地区的屏障睢阳城。睢阳太守许远知道自己兵力单薄，难以守住，便向张巡告急，请他来帮助守卫睢阳。

张巡看到许远的告急信，想到睢阳的地理位置十分重要，便毫不犹豫带领手下将士去支援睢阳。

按照官职来说，许远是太守，职位比张巡高，应该由他当守城的主将，可许远看到张巡足智多谋、英勇善战，便对张巡说：“我不太懂得用兵的事，你智勇兼备，很会打仗，今后就请你统领全军指挥作战。我负责筹集军粮、修造兵器，保障作战的需要。你就大胆地指挥吧!”

张巡见许远这样信任自己，便接过了指挥全城军民抗敌的重担。在和叛军的战斗中，许远毫不因为自己的官职比张巡高而看不起张巡，而是竭尽全力协助他守城。张巡对许远十分尊重，凡是重大的决策，都要和许远商议。他们两人紧密合作，战胜了重重困难，多次打败了敌人，使叛军久攻睢阳城不下。

在守城的战斗中，张巡、许远督励将士，昼夜苦战，打退了十几万叛军的轮番进攻，活捉了敌将 60 多人，杀死了敌兵 2 万多人，狠狠地灭了叛军的威风，大长了唐军的士气。尹子奇见自己损兵折将，还是攻不下睢阳，只好在一天夜里悄悄地撤走了。

过了几个月，叛军仍不死心，又调集了兵马，重新包围了睢阳城。张巡和许远毫不畏惧，指挥唐军将士和叛军厮杀，又一连取得了许多胜利，就连叛军统帅尹子奇的左眼，也被张巡的部将南霁云给射瞎了。尹子奇发誓要报这一箭之仇，又增加了几万人马，把睢阳紧紧地包围起来。

时间一长，城里的粮食不多了，张巡和许远就决定每人每天发一两多米，掺上树皮草根煮了吃，仍然坚持守城。过了一段时间，城里的存粮也吃完了。张巡和许远就下令杀战马来充饥，战马杀光了，又下令捕捉城中的麻雀和老鼠充饥……直到再也想不出任何办法来了。这时候，全城的将士和百姓战死、饿死得只剩下 400 多人了，可是没有一个人想叛变或逃走。

公元 757 年 10 月，睢阳城终于陷落了。张巡和许远被叛军捉住，残酷地杀害了。他们两人团结守睢阳，坚守了 9 个月，歼灭了叛军共 12 万人。为平定安史之乱，维护国家的统一立下了卓越的功勋。

朋友同道有错改

【原文】

子曰：君子不重则不威，学则不固。主忠信，无友不如己者。过则勿惮改。

——《论语·学而》

【译文】

孔子说：君子的言行不庄重就没有威严，学问修养也不能坚固。以忠信为做人处事的原则，不与不如自己的人交朋友。有了过错要不怕改正。

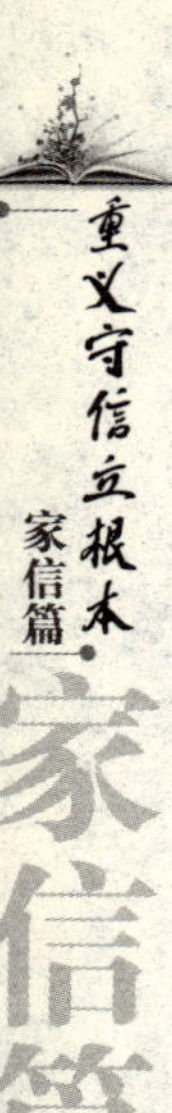

守信立诚

说到交友，首先看重志趣相近。唯有如此，才能找到共同的话题，参与共同的活动，才能走在共同的人生之路上。换言之，交友不必比较谁优谁劣，而要考虑在忠信的原则下，彼此是否志趣一致。

要想成为君子，还必须要善于反省。一旦发现过错要勇于改正。孔子认为只有不断地去恶向善，才能成为真正的君子。

人非圣贤，孰能无过。作为凡人，朋友也会犯错，也有缺点，有时候也会把人性中某种不合道义的方面表现出来。

即便如此，我们也不能因为朋友犯了错误就把其全部否定，把其打倒在地，让他永不能翻身，而是要允许他改正错误。

过而不改，是谓过矣。朋友相处，切忌言语或不恰当行为对朋友造成伤害。要知道这样的伤害一旦产生会给彼此间造成伤口的。

朋友交往就是要不断地改正自己的缺点，尽量减少对朋友的伤害。要知道，身体上的伤口和心灵上的伤口一样都难以恢复。你的朋友是你宝贵的财产，他们让你开怀，让你面对自己的错误和缺点变得更勇敢。

朋友成功的时候，应该真心地表示赞扬；不要妒忌朋友的成就。不要责备朋友。对朋友的话要认真倾听。再亲密的关系，也应该遵循一定的礼仪。不要欺骗朋友。当朋友犯错的时候，要宽容地去对待。当朋友遇到困难的时候，要伸出援手。不要做有害于朋友的事。像爱自己一样去爱朋友。

家风故事

孔子改错见晏婴

春秋后期，鲁国出了一个圣人——孔子，齐国出了个贤人——晏子。孔子是儒家学派的宗师，是一位思想家、教育家。晏子是一位务实的政治家，先后辅佐齐灵公、齐庄公、齐景公三位君主，作风节俭力行，善于辞令，在错综复杂的齐国政治格局中，既能洁身自好，又能左右逢源。晏子对儒家某些不合时宜的主张和做法颇不以为然。再加上齐国和鲁国是邻国，如果鲁国强大起来，对齐国不利，所以，孔子和晏子是对手，互相怀有敌意。

有一次，孔子到齐国去，齐景公向孔子请教为政之道。孔子针对齐国纲纪不振的情况提出："君王要像个君王的样子，臣下要像个臣下的样子，父亲要像个父亲的样子，儿子要像个儿子的样子。"齐景公听了这番高论，十分赞赏，准备把尼溪这块地方封给孔子，就去征求晏子的意见。

晏子说："不能这样。孔子那伙人穿着肥肥大大的袍子，老百姓没法学；把精力用在学音乐上，没工夫处理政事；提倡厚葬，搞得民贫国穷。他们那套繁琐的礼仪，纯粹是花架子，学一整年恐怕也弄不明白。他们那些理论，学两辈子也学不完。你封了孔子，就是引导老百姓也那么去做，齐国不就完蛋了吗？"齐景公一听，打消了封孔子的念头，只是多多地送给孔子一些礼品，不再向孔子请教治国之道了。

孔子在齐国期间，只去拜见齐景公，不去拜会晏子。随行的子路问孔子："您只去拜见齐君，不去拜访宰相晏婴，这样做合适吗？"齐景公也觉得孔子不见晏婴于礼不合，就问："孔先生为什么不见我的宰相呢？"孔子回答说："晏子是你们齐国的三朝元老，他辅佐三位国君都顺顺当当，肯定是个不讲原则的人，大概他有三个心眼。这种人，不能跟他交往。我不想见他。"

齐景公把孔子的话转告了晏婴。晏婴听了以后，淡淡地一笑说："用一条心去辅佐三位国君，所以我一直顺利。如果用三条心去辅佐一位国君，才肯定不会顺利。我家世世代代住在齐国，不能像孔子那样去周游列国。也难怪孔子行游诸侯到处碰壁：在宋国跟弟子一块围着一棵大树下练习礼仪，结果宋国的司马桓魋把大树给拔了；在匡国，被匡人误认做阳虎围了五天；路过陈、蔡之间，被围困在郊外，好几天吃不上饭，靠弟子挖野菜度日。他步步是坎，不顺利啊！"

晏子的这番话又传到了孔子耳中，孔子立刻觉察出自己失言的过错，自己责备自己："常言说，言语对身边的人说出后，传多远也不会停止；品行存在于自己身上，在众人面前无法掩藏。我私下里议论晏婴，却没有正确指出他的过失。我的罪过不轻啊！我听说，君子超过别人，就和那个人交朋友；赶不上别人，就拜那个人为师。现在我对晏子的评价不妥当，晏子已经

给我指出来了。他就是我的老师啊!”

于是，孔子就派他的学生宰予到晏子那儿去承认错误。宰予在孔子的学生里比较善于辞令，虽然在学习期间由于白天睡大觉，被孔子斥责为“朽木不可雕也”，但后来还是在齐国当了官。宰予把孔子自责的心情向晏子转达后，两位古代圣贤消除了隔阂，终于以礼相见。

认识到自己的错误后，勇敢地承认错误，赔礼道歉，是一种高尚的行为，也是一种坦诚的表现。

严于律己宽待人

【原文】

子曰：躬自厚，而薄责于人，则远怨矣。

——《论语·卫灵公》

【译文】

孔子说：多责备自己，少责备别人，那就不会招致别人的怨恨了。

守信立诚

宽以待人，严于律己是一种人生态度。这里说的律己就是今天我们讲的自律。给自己一个纪律，强调人们必须在思想上认定：没有人能够比你更好地教你自己，没有人比你自己更值得去跟随，没有人能比你更好地改正你自己，你要愿意教育自己，你要愿意跟随自己，你要愿意在必要的时候惩罚自己。因此，自律在今天已成为组成健全人格的一个重要元素，指的是自己管好自己、自己尊重自己、自己塑造自己，这样一来，在自律的情况下，人会变得更加宽容他人，因而也会变得更加与人为善，这样将不仅有利于个人的身心健康，而且还使人与人之间的关系更加和谐、融洽。

“大肚能容，容天下难容之事；笑口常开，笑天下可笑之人。”这是人们贴在弥勒佛身边的一副对联，从这副对联中，不难看出人们对大慈悲、大胸怀的敬仰之情。从这个角度讲，常怀宽容之心，实在是做人的一种美德。

喜欢责备别人常常也是不去原谅他人的帮凶。形影不离的好朋友，山盟海誓的爱人，亲密无间的战友，一同打拼的同事，当他们之间产生严重的误会、背叛和利益摩擦，或者被对方无辜地冤枉、误会甚至欺骗时，心里会产生“我因你们而受辱，我有责备、不原谅你们的理由”，抑或会在情绪上感到没有足够的力量诚恳地去说“我原谅你”。此种一心责备、无力原谅他人，最后形成惯性，久而久之，中断了人际联系，使自己孤立无援。

这样一来，无法原谅别人就成为今天人与人之间交流的最大障碍。这对我们人际关系的开展显然是非常不利的。要杜绝于此，就需要我们试着让处于事件中心的自己，学着原谅他人的过失，努力在自己和别人之间建立起一座美好的桥梁，融化濒临僵硬的人际关系。

可见，宽恕他人需要我们严格约束自己，在受到误解的时候一笑而过，在误解了别人的时候敢于批评自己。也正如陈嘉庚先生说过：“你得不到你容不下的东西。如果你的房子太小，不得不将财宝堆在外面，那样迟早会失去。这是个显而易见的道理。这就是说，你的心胸有多宽广，才有可能做成多大的事业。”

大凡杰出人士，都有一个特点：严于律己，宽以待人。这并非只是一种道德修养，同样也是一种处世策略。只有严于律己，才会在自己的事业与生活中做得比常人好，并且少犯愚蠢的错误；只有宽以待人，才会赢得他人之心，为自己的事业奠定稳固的根基。

宽以待人的人，善于控制自己，不会只是为了维护自己的权利而侵犯他人。在对方表示妥协、默不做声或欲言又止的时候，你可用询问的方式引出对方说出真正的想法，了解对方的立场、需求、愿望、意见与感受，并且运用积极倾听的方式，来诱导对方发表意见。这样，对方会对你产生好感。

家风故事

湛元翻墙遇家师

仙涯和尚在博多寺任住持时，学僧甚多，僧徒中有一名叫湛元的弟子。城里花街柳巷很多，湛元时常偷偷地爬过院墙到红街去游乐。他的心太花了，一听说哪条巷子里又来了一位如花似玉的美姬，就心痒要去一次。一来二去寺内的僧众们都传开了，这事连老师仙涯和尚也知道了。所有人都认为要把湛元逐出山门，可仙涯只应了一声：“啊，是吗？”一日，一个雪花飘飘的晚上，湛元拿了一个洗脸盆垫脚，又翻墙出去游春了。仙涯和尚知道后，就把那个盆子放好，自己在放盆子的地方坐禅。雪片覆满了仙涯的全身，寒气浸透了仙涯的身体。拂晓时分，湛元回来了，他用脚踩在原来放盆的地方，发现踩的东西软绵绵的，跳下地一看，原来是师父，不觉大吃一惊，仙涯说：“清晨天气很冷，快点去睡吧，小心着了凉。”说完站起身来，就像没事人似的回到方丈室里去了。湛元见此非常惭愧，从此他再也没有出过山门一步，而是苦心钻研经书，最终成为一名博学多才、品性高尚的高僧。

信人者，人亦信

【原文】

自信者不疑人，人亦信之。自疑者不信人，人亦疑之。

——《史典》

【译文】

自己相信自己的人不怀疑别人，别人也相信他。自己怀疑自己的人不相信别人，别人也怀疑他。

守信立诚

信赖是人与人之间最高贵、最重要的情谊，人们最骄傲的就是自己可以受到别人的信任，自己的所作所为能够无愧于心，并能与人坦诚的沟通互信。如果你相信别人，别人也会相信你。你以什么样的态度对别人，别人也会以什么样的态度来对你。我们要学会去信任我们身边的朋友，相信我们身边的人，同时也要让自己成为值得信任的人。人与人之间需要信任，只要你真心对人，关心他人，相信他人，别人同样也会给予你真心。

对人以诚的反面是待人虚伪、欺诈。当一个人不讲诚信，不真诚，那么，他失去的不仅仅是个人道德的沦落，而是要面对越走越狭窄的人生道路。失去了诚信，就代表着失去朋友，失去别人的帮助，失去了发展机遇，甚至付出生命的代价。

美国前总统林肯说过这样一段话："你可以在所有的时间中欺骗某些人，你也可以在某些时间中欺骗所有人，但你却不能在所有的时间中欺骗所有的人。"这段话足以告诫人们，无论我们身处任一时空、置身何种情境，欺骗别人终将被揭穿，无法长久持续。如此，我们又何不轻轻松松地秉承真实的本性，真诚待人呢?

家风故事

萧何月下追韩信

明月当空，照着汉都城南郑。皎洁的月色下，两匹骏马一前一后向东飞驰着，只听马上的人喊道："韩信，快停下，和我回去……"前面的马终于停了下来，从马上跳下一个大汉，双手一揖，对后面马上的人说："萧何，那么多人逃跑，你为什么单单追我?"萧何跳下马来，还礼说："你不能走，一定要和我回去，我去说服汉王。"说着，拉着韩信翻身上马，调转了马头。

汉宫里，汉王刘邦坐立不安，一脸怒气，在厅堂上踱来踱去。原来，刚才臣下禀报：“萧何逃走了。”汉王立刻慌了手脚。萧何是汉朝的开国功臣，被誉为“天下平定，功为第一”，萧何一走，等于砍断了汉王的左右手，他怎能不发怒呢！正当汉王怒气冲冲时，只听人报：“萧何请见汉王。”汉王一怔，立即应道：“快进来。”萧何精神抖擞地走了进来。

“你为什么逃跑?”汉王厉声问道。

“臣不敢逃跑，我只是去追逃跑的人!”萧何回答说。

“你追的是谁啊?”汉王又问道。

“是韩信。”

“众将领逃跑的有好几十个，你谁也不追，却说追韩信，这不是骗我吗?”汉王怒道。

萧何回答说：“一般将领是容易得到的，而像韩信这样的人，是一国奇才，没有第二个啊！大王您想长期在汉中为王，那就用不着韩信了，如果一定要争夺天下，除了韩信，没有人可以为您献计献策了。”

汉王怒气未消，气哼哼地说：“我当然想向东发展，怎么能在这儿长久居住呢!”

“如果您能重用韩信，韩信就会留下；若不重用韩信，他终归还要走的。”萧何诚恳地对汉王说。

汉王一向看重萧何，见萧何这么说，就应付道：“好吧！看在你的情面上，我就任他为将。”

不料萧何却说：“你虽然任他为将，但他还是不会留下来。”汉王以为萧何指的是官职，马上就说：“那就任命他为大将!”

萧何又说：“大王您平日一向轻傲慢人，不讲礼貌，现在您任命大将如同使唤小孩一样，这就会使韩信因受辱而去。”

汉王有点生气，不知萧何要说什么，就沉着脸说：“那你说该怎么办呢?”

萧何想了想说：“您如果真心想任命韩信为大将，就应该选择一个吉利的日子，亲自沐浴斋戒，设置坛场，举行隆重的仪式，那才行呢!”

汉王不解地问：“为了一个小小的韩信，我值得用这么隆重的礼仪吗?

我大王的威严会不会受损呢?”

萧何说：“汉王，任用贤才，就得诚心诚意，以至诚之心待人，才会使别人以诚待己。您这样做，不但不会损害您的尊严，反而会使天下的贤才都来归服于您，那么您称王天下就不难了。”

汉王见萧何说得恳切、诚实，便点头答应了。

众将领听说汉王要设坛拜大将，个个都非常高兴，都以为自己能当大将哩!

拜将那一天，众将领个个精神焕发，得意扬扬。不料宣旨时，却只有韩信一人，全军都很惊讶。韩信见汉王以这样隆重的形式来任命自己，很受感动。行过拜礼，汉王便对韩信说：“萧何多次向我荐举你，你能教我什么计策呢?”

韩信恭敬地说：“您打算向东发展，争夺天下，你的敌手岂不就是项羽吗?”汉王点点头。于是，韩信便向汉王献策。汉王听了，非常高兴，心里暗想：我得韩信太晚了。

以诚待人是每个人做人的准则。萧何月下追韩信，不仅仅表现了萧何善识人才，更主要是体现“诚”字，它是不分尊卑贵贱的。

对朋友不要食言

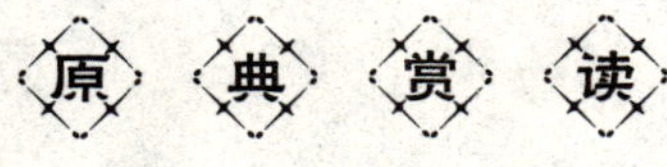

【原文】

是食言多矣，能无肥乎。

——《左传》

【译文】

个人常常吃掉自己的诺言，当然会胖了。

守信立诚

一个人重视承诺，说明他是一个值得信赖的人，但是前提是不能够轻易对他人许诺，尤其是朋友。我们不能够碍于面子，或者是在朋友的请求下便不顾实际情况以及自身的能力，违心地许下诺言。比如当朋友要求我们做的是不正当的事情，这时我们就应该义无反顾地拒绝，并制止朋友去做这件事情。这是对朋友负责，也是对自己负责。如果不谨慎考虑就轻许诺言，结果做不到，反而会伤害朋友的感情，与朋友之间产生隔阂。所以，只有不轻易许诺的人才能真正得到他人的尊重和信赖。

在现代社会，言出必践的朋友似乎越来越少了。有些人觉得和朋友已经那么熟了，一次两次的失信没关系，朋友不会在意的。你这样想，那么我也这样想，于是在与朋友相处时不再有道德感的约束，友谊也不再那么神圣和庄重。这是一个与传统文化大相径庭的有趣现象，中国人“守信”本来主要是对朋友的原则，而现在反而在朋友这个领域被疏忽了。

经常有人说，我们的社会在许多方面产生了信用缺失的现象。在信用缺失的社会，交易成本高，效率低。所谓信用缺失，讲的是普遍信用的缺失，做个说话算话的好朋友，在理论上讲，就是建立一种人际信用，如果朋友之间的人际信用程度降低，人与人之间的普遍信用又如何建立呢?

所以我们应该做到：答应过朋友的事，则要件件落实，不开空头支票。只有这样，朋友间的友谊才会牢固长久。当然，我们在向朋友承诺之前要正确认识自己，对于没有把握的事就不要轻易许诺。

家风故事

卓恕不食言

卓恕，字公行，三国吴上虞人。他为人笃实讲信义，答应办的事就立即去办；与人约会，纵然遇到暴风疾雨、雷电冰雪，也都没有不如期到达的。

有一次，卓公行从建业回会稽（今浙江绍兴）探家，去向太傅诸葛恪告辞，诸葛恪问道："你什么时候返回呢？"卓公行回答说："某日当再来亲自拜见。"

到了那天，诸葛恪做东宴请一些宾客，不停地饮酒品菜，以便等候卓公行。当时，赴宴的宾客都以为，从会稽到建业相去千余里，路途之上又很难说不会遇到风波之险，怎么一定能如期到达呢？

不管众宾客怎么说，诸葛恪坚持要等卓公行，因为他了解卓公行，知道他是一个诚信君子，他说今天到就一定会到。不一会儿，卓公行果然到了。所有的人都很惊诧。

诚实守信，践诺履约，言必信，行必果，是中国文化的传统美德。做不到就不要随便说，说出过的话就一定要做到。我们都应该做一个像卓公行那样笃实守信之人。

曹操守信放关羽

刘备、关羽、张飞三人在桃园结义之后，情同手足。他们投靠袁绍，与曹操作对。在一次战斗中，刘、关、张三兄弟被打散了，关羽保护着刘备的两位夫人被曹操的军队包围在一个小山头上。他几次想冲出包围，但都被乱箭射回。

后来，关羽考虑到带着两位嫂嫂，不能辜负了刘备对他的信赖，迫于无奈投降了曹操。曹操非常喜欢关羽的为人和武艺，就满足了他提出的三个要求：一、只降汉朝，不降曹操；二、要按照刘备的俸禄标准来供养他的家眷；三、一旦知道刘备的下落，关羽就要去找刘备。

于是，曹操想尽办法厚待关羽，希望关羽能够顺从自己而不再去找刘备。

曹操领着关羽去见汉献帝，献帝封关羽为偏将军。然后，曹操又大摆筵席，请出文臣武将与关羽相见，并请关羽坐在上宾的位置。宴后，曹操叫人捧出许多绫罗绸缎、珍贵器皿送给关羽。过了几天，曹操又挑选了 10 个美女送给关羽。关羽也不好推辞，就把美女连同绫罗绸缎、珍贵器皿全部给了两位嫂嫂。

一天，曹操见关羽平时穿的锦袍已经旧了，就特地叫人照着他的身材做了一件新锦袍送给关羽。曹操见关羽的坐骑很瘦弱，就吩咐手下的人去马厩牵来了吕布骑过的赤兔马，让关羽牵走。就这样，曹操对关羽是多方关照，厚礼相待，一心指望关羽能为他所用，归顺于他。可是关羽却将兄弟义气看得比什么都重要。

不久，关羽得知了刘备还在河北的确切消息，便向曹操辞行。可曹操躲着不见他，故意在门口挂了个不见客的牌子。关羽没有办法，只好将曹操送给他的财物、美女统统留下，写了一封辞别的信叫人送给了曹操。收拾停当，关羽请两位嫂嫂上车，自己骑着赤兔马，只带着旧时人员出了门。

曹操得到关羽已经动身的消息，心中十分焦急，大将蔡阳请令："请丞相给我三千人马，我去把关羽擒来，献给丞相!"

曹操却制止说："不必追赶! 关羽这人来去明白，胸怀坦荡，真是大丈夫! 大家都应该向他学习!"

又有人提出："关羽是一员虎将，如果投了袁绍，后患无穷，还是追上去把他杀了的好。"

曹操说："以前我答应过他，怎么能失信呢？不如索性做个人情，送他一笔路费，让他知道我曹操是说话算话的。"

于是，曹操带了几十个人追赶关羽，给关羽送上一盘黄金，但关羽不肯接受。曹操就送给关羽一件锦袍。关羽不敢下马来接，只用青龙刀尖挑起战袍披在身上，拱手道谢，然后匆匆离去。

此刻一员大将气呼呼地对曹操说："关羽这个人太无礼了! 丞相好心好意送他战袍，他连马都不下，手都不接。何不把他抓回来?"

曹操摆摆手说："他一人一骑，我们这里几十个人，他怎么会不起疑心呢？我是特地前来送行的，怎么能说话不算数呢？不必为难他了。"说完领着众人回城去了。

曹操的信义虽然没有完全收服关羽，但是与关羽之间却有了恩情的存在，也正是因为这恩情，在华容道时关羽才宁肯违背诸葛亮的军令也要放走曹操，甚至连曹操的部将张辽等人也一并放行。可见，授人之惠纵然不求回报，回报总会在你需要的时候到来。

受人之托，终人之事

【原文】

受人之托，必当终人之事。

——《琵琶记·南蒲嘱别》

【译文】

当别人认可我们的信誉，委托我们以重任时，就要谨守诚信，把事情办好，不负所托。

守信立诚

诚信，是天下行为准则的关键。只有诚信的人才能临大节而不可夺，才可以托之以六尺之孤，寄之以百里之命。可见，一个人要想获得他人的信赖首先必须做到诚信。

既然接受了朋友的托付，就不要让朋友失望，对朋友委托的事情要尽心尽力地去做好。认真负责地办好朋友托付的事情，既体现了对朋友的重视，也体现了对自己人格的一种尊重。所以我们要力争成为值得朋友托付以大事的那个人，而不是令朋友一想起就摇头的人。

当然，美国前总统华盛顿曾说过："一定要信守诺言，但不要去做力所不及的事情。"他告诫人们，因承担一些力所不及的事情或为哗众取宠而轻易向别人许诺，结果却使自己不能如约履行，那是很容易失去信用的。

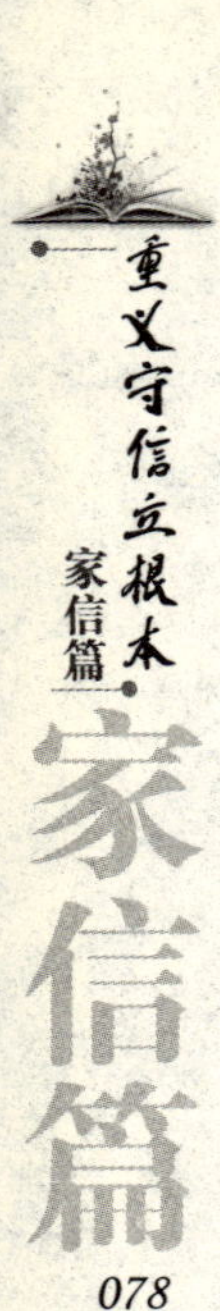

家风故事

赵氏孤儿

晋景公三年（公元前597年），屠岸贾反对赵朔的主张，并想阴谋杀害赵朔。韩厥知道这一阴谋后就告诉了赵朔，要他有所防备，但赵朔听不进去，后来屠岸贾果然将赵朔的一族都杀了。赵朔的妻子是成公的姐姐，当时怀有身孕，危急时跑到王宫中躲了起来。

赵朔有个门客叫公孙杵臼，他对赵朔的好友程婴说："你的朋友都死掉了，你怎么不一起赴难呢?"程婴回答，"赵朔的妻子怀有身孕，万一要生了个男孩，我要将他抚养成人，以报仇雪恨；若不幸生的是个女孩，我再死也不迟。"过了一段时间，赵朔的妻子生了个男孩。屠岸贾听说了消息，就派兵到王宫中寻找。情急之下，赵朔的妻子将小孩藏在裤裆中，并暗自祷告：赵家要是断子绝孙，你就哭吧；赵家要是后继有人，你就不要出声。说来也奇怪，小孩一声未吭，终于逃过一劫。

事后程婴对公孙杵臼说："今天是侥幸了，他一次找不到，必然还要再来找，怎么办?"公孙杵臼问程婴："把孤儿抚养成人难，还是赴难一死困难?"程婴说，"当然是死容易，将孤儿抚养成人难。"见程婴这样说，公孙杵臼就接着话题谈道："当年赵朔待你不错，于你有恩，现在也就难为你了，你就做困难的吧，我来做容易的，请让我先赴死难。"后来两人商量，想出了一个办法。他们先设法买了一个婴儿，用锦衣包好，跑到深山中躲藏起来。然后程婴跑到山下，假装告密，对搜捕的将士们说："我程婴无能，不能将赵氏孤儿抚养成人。谁能给我一千两金子，我就说出赵氏孤儿藏匿在何处。"将士们听说后非常高兴，立即答应了他的条件，并组织队伍跟随他去找人。

程婴领着众将士很快就找到了"赵氏孤儿"藏匿的地方，并团团围住。眼看无路可逃了，公孙杵臼佯装悲愤不已，痛骂程婴道："程婴啊，程婴，你真是一个无耻的小人。当年赵朔遇害的时候，你贪生怕死，后来又假惺惺地与我一起商量怎么藏匿赵氏孤儿，而今天你又恬不知耻地出卖我！你即便不能将赵氏孤儿抚养成人，又怎么忍心出卖他，让这么小的孩子惨遭杀害!”说完又抱着襁褓中的孩子，呼天抢地地喊道：“老天啊，老天啊，赵氏孤儿何罪之有，请饶他一命吧，把我公孙杀掉就行了。”但任他怎么哭诉，将士们就是不允许，最后将公孙氏与襁褓中的小婴儿一同杀害了。将士们以为赵氏孤儿肯定死了，任务好不容易完成，隐患彻底清除，大家很是兴奋。实际上公孙杵臼的哭喊和痛骂程婴，都是他们两人事先想好的计策，而遇害的婴儿是他们买来的，真正的赵氏孤儿仍然活着，程婴后来找机会带着他跑到深山老林里隐居起来。

十五年后，晋景公病重，韩厥乘机宣扬景公的病是误杀有功的赵氏引起的。很多人相信这一说法，于是为赵氏平反，同时寻找赵氏后人，找到了赵氏孤儿赵武。国家政策改变了以后，屠岸贾成为了历史罪人，被处死刑。赵武长大成人，举行了盛大的成人仪式——冠礼。这时程婴一一辞别朝中大臣，并对赵武说：“当年你父亲蒙难，很多人都和你父亲一道遇害了。我并不怕死，也不是不能死，但我想要将赵氏后人抚养成人。现在你赵武已长大成人，也继承了你父亲当年的爵位，我的心愿已了，我的使命也完成了，我将到九泉之下与你父亲和公孙杵臼先生会合，并报告你的好消息。”赵武一听就大哭不止，并请求程婴不要离开他。程婴说：“这不行呀，公孙杵臼先生相信我，觉得我能将你抚养成人，所以为了你，先我而死；今天如果我不去九泉之下报告你的好消息，他会以为我未能实现我的诺言和他的嘱托，我的灵魂何以能安?”后来程婴还是自杀了。

这件事在历史上产生了很大的影响。古人以为，程婴、公孙杵臼确实是千古难遇的“信友厚士”，但程婴的自杀报友，则做得有点不恰当，用先人的说法即“婴之自杀下报，亦过矣”。

朱晖守信义不忘重托

朱晖是东汉初年的大臣，河南南阳人。他幼年时就失去了父母，舅父收养了他。年轻时，他从家乡南阳被选拔到京都洛阳上大学。他的好朋友陈揖听说后，为他得到这么好的学习机会感到高兴。当他上路时，陈揖送了一程又一程。

进了大学之后，朱晖努力学习，进步很快，得到老师的器重。朱晖在新的环境里又结识了许多新朋友，其中有一位是南阳同乡张堪，已经进修结业，安排在京都供职，还常常回大学来看望他。

一天，张堪把朱晖请到家里，忧心忡忡地对他说："我近来忽然感到身体不好，万一出了事，请你帮忙照顾我的妻子儿女，好吗?"朱晖说："谢谢仁兄的信任，我会牢记您的嘱托。但是仁兄年富力强，正是大展宏图的时候，请不要讲那些不吉利的话!"

朱晖虽然这样安慰张堪，但对他如此郑重的嘱托，还是谨记在心。不久，张堪果然大病身亡。朱晖为朋友的逝去深感悲痛。办完丧事后，朱晖对张堪的妻子说："嫂子，张大哥生前托我照顾您，我在京城没有什么事情干，也没有收入，让我送你回乡吧!"

当朱晖护送张堪的遗属回到南阳时，又得知另一个不幸的消息：好友陈揖也已经病故了。他赶紧来到陈揖家，只见陈揖的寡妻怀里抱着出生不久的婴儿，泪流满面地说："夫君病重时，这孩子还未出生。夫君临终之时说：'我最遗憾的事是没能和好朋友朱晖再见一面，孩子生下后，就起名叫友，表示我对好朋友的怀念吧!'"

朱晖听完，连连作揖说："我明白陈兄对我的嘱托了。朋友之间最要紧的是一个'信'字，孩子以'友'命名，既是对我的思念，又是对我能帮忙培养好孩子的信任！我决不能辜负陈兄重托!"

朱晖决心照顾好张堪、陈揖两家遗属。对张堪家，年年接济50担米，5匹布；对陈揖家，竭力将陈友培养成人。

陈友一年一年地长大了，朱晖就让他和自己的儿子朱骈一起读书，希望两个孩子都能成长为国家的栋梁之才。

朱晖的善行，被南阳太守桓虞知道了。一天，太守来到朱晖家中，称赞说："先生照顾两家亡友遗属，十几年如一日，真难得呀！"朱晖说："我仅仅是履行朋友的嘱托而已。"太守点点头，说："你的儿子朱骈受到良好家风的熏陶，品德一定高尚，现在我的衙门正缺一名青年助理，就让朱骈来吧！”

朱晖一听，非常高兴。他说：“谢谢太守的关照！但是比起朱骈来，陈友的才能更全面，我建议您选拔陈友吧！”

太守听了，十分敬佩朱晖，说：“先生这话出乎我的意料，但是仔细想来，也符合您信守朋友嘱托的本意，我就遵循您的意思选拔陈友吧。”

从此，朱晖对朋友讲信用，言行一致的佳话就在南阳传开了。

第四章

言出必行：言行一致才是真

有什么样的家风，往往就有什么样的做人做事态度、为人处世伦理。对于不少人来说，家风甚至影响和决定了他的一生。家长应当做表里如一、言行一致的表率，做到家里家外一个样，用家风培养孩子一言九鼎的做事风格。

言行一致才是真

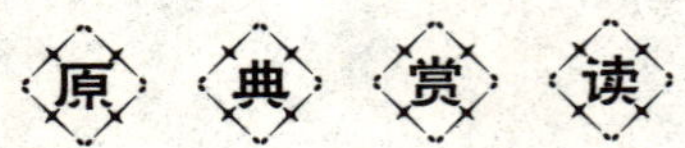

【原文】

君子耻其言而过其行。

——《论语·宪问》

【译文】

君子把夸夸其谈当做耻辱而行动中总是力求做得更好。

守信立诚

言行不一致，说一套做一套。这个现状的本身就是一种结果。它是因为自私，随意，不在乎，执着我利，贪图享受，博取一时满足，等等，不断地叠加积累形成的。当时没有认识到自私，随意，不在乎的结果会产生一种惯性的认知层面，以及偏离了的心理感受和取舍。

如果用空间表述，就是从一个正常的空间，因为自己的种种因素，心理和大脑思维认知上偏离开正常的生活空间。比如，我们抬头挺胸目视前方，眼睛盯着正前方一个点，走过去，所走出来的一定是一个接近直线的路线。如果，开始我们没有看着正前方的那个点，而是偏离或者是在中途看风景，那么我们的路线就会随着注意力的转移而有所偏离直线。所走出来的路线必定弯曲。

当我们本来就已经是偏离正常生活空间，不具备正常生活的思维认知之时，就需要用纲常来作为标尺，使我们能重新归入本来的直线上来。通常，我们以言行一致等纲常来作为标尺。所以，当不符合这个纲常标准的时候，我们的认知肯定进入了一个偏离的空间中，它必将影响我们生活中的种种选择，最终将给自己带来不想要的结果。

通常，我们用老子、庄子、孔子、墨子等为标尺，以何为标尺，其人生就会因标尺而产生逻辑思维，又因不断的取舍和自己心理的变化而变化。其人生轨迹和过程中，个人所得的结果各个不同。好的心理就有好的逻辑思维空间，其心情和选择也乐观美好，即使不好，也因恒定的逻辑思维而不受影响。相反，不好的思维，其选择也不好，结果也不好。在日常生活中，我们要注意自己言行一致，不能只是夸夸其谈，而在行动上却无所作为。

家风故事

执法如山斩御史

李光弼是唐代著名军事将领，他雄才大略，以智勇双全、治军严整著称，其军事指挥才能非凡，为人严肃、果断、刚正不阿。李光弼从幼年时期起，就善于骑射，步入军旅生涯后，他在治军管理和指挥作战方面，逐渐显露出卓越的才能，由于他治军严整，指挥有方，被郭子仪推荐当了河东节度副使。后来，他和郭子仪一起率军打败了安禄山和史思明，为彻底平息“安史之乱”作出了重大的贡献。

李光弼在统军作战期间，执法严明、军令如山、赏罚分明、威震三军。在一次战斗中，他所率领的部队中有一员大将持利矛刺杀敌人，矛刺穿马的腹部，并刺中数名敌人，而同时也有迎战敌人的人不战而退。李光弼对以矛刺敌者赏绢五百匹，不战而退者处以斩刑。他赏罚分明的治军方式使得部下和士兵在作战时能够奋勇争先，一往无前。

他的部下都知道他言必果、令必行，执行军纪军令严格无情。唐肃宗即位后，诏令李光弼担任户部尚书并率军赴灵武上任。当时太原节度使政令不行，由侍御使崔众统率驻军。肃宗诏令崔众，让他将兵权交给李光弼。然而，崔众却自恃自己是侍御使，仗着肃宗和朝廷中一些重臣的垂青，在军中狂妄自大，不可一世。过去还时常侮辱太原节度使，如今要他把军权交给李光弼，心中根本不服气。于是，他就想故意为难一下李光弼。他见到李光弼时，故意不行军礼，并表示不能即刻交出兵权，想给李光弼难看。李光弼对崔众的这种狂妄傲慢和违抗军令的行为感到非常的恼火，立即命令把崔众抓起来，准备以军法治罪。正在这时，唐肃宗又派来使者，传旨诏令崔众为御史中丞。李光弼的部下看到这种情形，就有人出来劝李光弼说：“皇帝重用崔众，最好还是把他放了吧!”然而，李光弼则断然拒绝了部下的劝说，仍坚持按军法处置崔众。他正气凛然地说：“崔众违抗皇上的诏令，故意不交出兵权，置军法军令于不顾，理应当斩，我现在要斩的是侍御使崔众，如果使者要宣布诏令，崔众纵然是御史中丞，官比我大，我也要依照国法军纪将其斩首。”说完，即刻命令军法官当众处斩了违抗诏令的崔众。肃宗派来的使者，十分敬畏李光弼的执法威严，始终没有敢把诏令拿出来宣布。

李光弼执法如山斩御史的消息不胫而走，全国上下反响强烈，在他统率的军队中，将领和士兵个个受到很大的鼓舞。而一些昔日里受崔众欺压的将士人人拍手称赞。全军也由此受到教益，从此以后，谁也不敢违背军令、军纪了。李光弼做指挥的唐朝军队被人誉为“铁军”。

正是因为李光弼带出了一支军纪严明的军队，在随后进行的太原保卫战中，李光弼才能以少胜多，以己方不到 1 万人的军队打败了史思明率领的 10 万军队，取得了防御作战的胜利。在这场战斗中，李光弼用弱势军队先后消灭了叛军 7 万多人，不能不称为军事史上一个成功的战役，他的胜利也为扭转整个战局起了重要的作用。

汉文帝言行一致

西汉时期，汉文帝刘恒在位 23 年，景帝刘启在位 16 年，这个时期历史上称为“文景之治”。它是继西周“成康之治”以后，又一个盛世。

汉文帝目睹继位前后，经济凋敝，荒地未耕，民有饥色。他作为一个封建帝王难能可贵地想到：“我的百姓生活那样苦，当官的没有看到。因而，应该提倡节俭，身体力行，安抚百姓，休养生息。”于是他采取一系列节约安民的措施：裁减京师卫队；调拨皇室马匹，充实驿站；遣出惠帝后宫美人，令之改嫁；撤销旧有苑囿，将土地赐予农民；免官奴婢为庶人；严禁列侯夫人、诸侯王子食二千石和擅自征捕；抚恤赏赐孤寡老弱；下诏征询："百官的奉养是否过于浪费？无用的事是否办得太多？为什么百姓的粮食如此缺乏？"等等。文帝在位的23年中，宫室、苑囿、车骑、服御均无所增盖。他曾想造一个露台，招工匠计算，需花费一百两黄金。文帝说："百金，相当于中等人家十家的财产，为什么要造个台呢？"于是下令不造此台。

文帝平时经常穿着黑色粗布做的衣服，就连对他最宠爱的慎夫人，要求也很严格。规定衣裙下摆不准拖到地面，帷帐是素面，全不刺绣，也没花边。

他修建陵墓时，下令随葬品只能用陶器，禁止用金银铜锡等贵重物品。他在遗诏中说："给我送葬的车马，不准陈列兵杖；送葬人带的白布孝带不准超过三寸；治丧期要短，在治丧期间，不要禁止百姓结婚、祭祀、饮酒和吃肉。"

由于汉文帝采取了选贤治国、轻徭薄赋、带头执法等一系列与民休养生息措施，也由于他带头节俭形成的俭朴之风，使西汉出现了社会安定，人给家足的繁荣景象。

行不及言可耻也

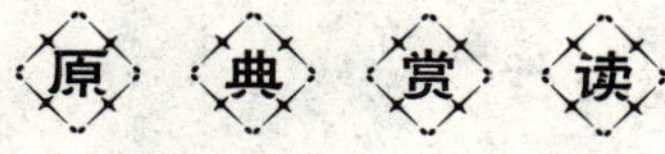

【原文】

行不及言，可耻之甚。

——《四书章句集注·论语集注》

【译文】

说得多而做得少，是最大的可耻。

守信立诚

有位聪明人说得好，“教育涵盖了许多方面，但是它本身不教你任何一面。”这位聪明人向我们展示了一条真理：如果你不采取行动，世界上最实用、最美丽、最可行的哲学也无法行得通。

机会是靠行动得来的。再好的构想都有缺陷，即使是很普通的计划，但如果确实执行并且继续发展，都会比半途而废的好计划要好得多，因为前者会贯彻始终，后者却前功尽弃。所以说，成功没有秘诀，要在人生中取得正面结果，有过人的聪明智慧、特别的才艺当然好，没有也无可厚非，只要肯积极行动，你就会越来越接近成功。遗憾的是，很多人并没有记取这个最大的教训，结果将自己沦为了平庸之辈。看看那些庸庸碌碌的普通人，你就会发现，他们都在被动的活着，他们说的远比做得多，甚至只说不做。但他们几乎个个都是找借口的行家，他们会找各种借口来拖延，直到最后他们证明这件事不应该、没有能力去做或已经来不及做了为止。

喜剧大师卓别林曾说过，时间是一个伟大的作者，它会给每个人写出完美的结局来。现在就去做，有了目标就要为之奋斗，哪怕再苦再累也是值得的，时间不会为任何人而停留。一年之计在于春，一日之计在于晨，我们要抓住青春，努力地朝我们的目标前进。让我们珍惜现在的分分秒秒，勇敢地拼搏在湍急的河流中，以顽强的意志和艰苦的努力架设桥梁，去彼岸拥抱理想吧。

家风故事

闻一多言出必行

闻一多，原名闻家骅，湖北浠水人，中国著名诗人、学者和民主人士。幼年爱好古诗词和美术。1913 年考入北京清华学堂。1922 年赴美学习美术。1925 年回国，历任北京艺专、武汉大学、青岛大学、清华大学、昆明西南联大等学校教授。一生写有很多著作，后编辑为《闻一多全集》流传于世。

抗日战争时期，他积极带领学生参加民主革命运动，反对国民党匪帮倒行逆施，1946 年 7 月 15 日被国民党特务暗杀，英勇牺牲。

闻一多自幼为人老实、谦虚，勇于探求真理。只要是方向认识清了，说了，他就去做。他经常对人说："人家说了再做，我是做了再说。""人家说了也不一定做，我是做了也不一定说。"实际上是他也说了，也做了，说了就做，言行一致。

1925 年他从美国回国，看到封建军阀统治下的中国一片黑暗，到处是军阀混战，民不聊生，他无比愤慨，当即写了一部诗集《死水》。在这部诗集中，题为《死水》诗歌的最后一节，是这样写的：

这是一沟绝望的死水，
这里断不是美的所在，
不如让给丑恶来开垦，
看他造出个什么世界。

诗歌表达了他热切地追求光明世界的愿望，以及爱国主义精神，对半殖民地半封建社会的旧中国的黑暗现实进行无情的揭露和批判。

20 世纪 30 年代，他想要深入研究中国民族文化，希望通过研究给中国开一剂自救的药方。于是，闻一多从唐诗入手，目不窥园，足不下楼，饭有时都忘记吃，头发总是凌乱不堪，终于写成《唐诗杂论》。又经十年写成《楚辞校外》。因为他潜心贯注、心会神凝，人们戏称叫他"何妨一下楼主人"。

1943 年后，他在共产党的影响下，把主要精力转到带领学生群众从事争取民主斗争，成为青年运动的领导人。他大声疾呼，反对国民党独裁政治，揭露国民党借美帝国主义援助发动反人民内战的阴谋。这个时期，他给昆明学生做报告，印政治传单。他在给友人的信里说："此身别无长处，既然有一颗心，有一张嘴，讲话定要讲个痛快!"他不但说，还冲在对敌斗争第一线。

1946 年 7 月 11 日，爱国民主人士李公朴在昆明被国民党反动派杀害了。黑暗恐怖气氛笼罩昆明，国民党特务布满全城每个角落，甚至给革命师生写恐吓信。闻一多也接到多次警告信号。怎么办呢？他与青年学生商量，决定举行群众集会，给敌人以打击，揭露敌人镇压人民的阴谋。开会那天，他不怕恐吓，不怕牺牲，登上讲台，做了他历史上有名的《最后一次讲演》，锋芒直指国民党反动派。他大义凛然声音激动地说：

“李先生究竟犯了什么罪，竟遭此毒手？”

“大家都有一支笔，有一张嘴，有什么理由拿出来讲啊！有什么事实拿出来说啊！为什么要打要杀，而且又不敢光明正大地来打来杀，而偷偷摸摸地来暗杀！”

“今天，这里有没有特务？你站出来！是好汉的站出来！”

“你们杀死一个李公朴，会有千百万个李公朴站起来！”

“正义是杀不完的，因为真理永远存在！”

“我们不怕死，我们有牺牲的精神！我们随时像李先生一样，前脚跨出大门，后脚就不准备再跨进大门！”

他的讲话激起与会一千多名青年很长时间的热烈鼓掌。

闻一多就是这样，说在前，冲杀在前，表现了一个爱国者言行的高度一致。他的讲话和革命行动，像重磅炸弹投向国民党反动派，暴露了敌人的反动丑恶的嘴脸。7 月 15 日，穷凶极恶的国民党特务把他暗杀了。虽然闻一多牺牲了，但他的无畏精神，激起了全国群众的斗争高潮，“反饥饿”“反内战”的浪潮一浪高过一浪，敲响了蒋家反动王朝的丧钟。

言而不行是欺也

【原文】

言而不行，是欺也。君子欺乎哉？不欺也。

——《二程集·河南程氏遗书》

【译文】

说了而没有做，就是一种欺骗。君子能做这种欺骗的事情吗？不会做啊!

守信立诚

诚实的人最容易获得信赖，容易得到人们的信任和器重，能赢得人们的友谊、钦佩和尊重。一个诚实的人喜欢说实话、讲真话，不欺骗别人，也不欺骗自己，任何时候都不掩盖事实的真相，能做到实事求是。诚信者，光明磊落，从不算计他人，绝非势利小人，绝无虚伪和狡诈。当别人有困难时，他会真心诚意地帮助，为人家排忧解难，绝不会袖手旁观、落井下石。他们具有"穷不失义，达不离道"的"道义"，讲求"无以巧胜人，无以谋胜人，无以战胜人"，总是"以直报怨，以德报怨"，常常奉行"施恩务施于不报之人"的"施恩不图报"原则。的确，如果一个人果真能达到这样的境界，那就是至诚之人。诚信者，遵守信义，表里如一，言行一致，"言必信，诺必诚"，严格信守自己的承诺，绝无戏言。他们勇于坚持自己的信念，明白是非曲直，绝不攀附权贵，背信弃义，虚假伪善。

家风故事

傅震实践诺言

傅震是1989年学成回国的优秀留学生。自从选择了医生这个职业，他就暗暗立下了要以自己的医术为病人解除痛苦的诺言。

傅震1968年毕业于苏州医学院，1978年作为“文革”后第一批研究生，到南京医学院学习脑外科专业。毕业后，在南京医学院第一附属医院、江苏省人民医院脑外科工作。

1988年，傅震通过严格考试，以优异成绩被国家教委录取后派往德国杜塞尔多夫大学医学院进修深造。杜塞尔多夫背靠原始森林，莱茵河绕城而过，风景优美，气候宜人。可傅震无暇游览这异国的美丽山水和旖旎风光。每到周末，人们都是游玩娱乐，只有他一人在灯下苦读。

1988年4月上旬的一天，在学院附属医院脑外科，西德神经科协会主席、世界著名的神经外科专家博克教授，指着一个患“转移性脑肿瘤”病人的脑袋，问中国进修医生傅震：“肿瘤位置在哪？请你标出手术区。”傅震根据CT片和临床经验，胸有成竹地回答：“右额部前方，离脑表面三厘米。”同时在患者头部标出了手术区。转移性脑肿瘤只有指甲般大小，要确定具体位置和深度是很困难的。“不，在右额后方!”博克以不容置疑的权威口气加以否定。“右额前方!”“不对，肯定在后方!”互不相让的大声争执吸引了许多医生、护士。一个刚来一个多月的中国进修生，竟敢和德国脑外科权威争辩，而且那么自信，人们要看看，究竟谁的判断正确。博克教授叫护士长取来“扇形超声波”。几次来回扫描，清楚地显示出傅震标出的位置十分准确。博克满意地笑了，医生、护士们流露出惊讶、钦佩的神色。实际上，这是博克有意考一考傅震。手术一结束，博克教授立即向德国卫生部和州政府报告，为傅震申请“行医执照书”。这在德国是颇不容易的事。一个月后，他又被德国医学会接纳为正式会员。

次年年初，博克教授主动对傅震说：“傅，你的签证二月份就到期了。留下来吧，每个月奖学金五千马克。”博克打心眼里喜欢这个中国进修生。教授的助手也多次试探地询问傅震，是否打算将妻子接到西德来。傅震谦虚刻苦又不盲从的诚实品格，给博克和其他医生、护士留下了深刻印象。

博克教授劝他留下后的几天，他便收到西德医学会寄来的信件和表格，提醒他签证即将到期，只要在表格上签上自己的姓名，即可办理延期手续。紧接着，杜塞尔多夫大学人事部又给他一张延长签证的通知。博克教授和其他朋友再三提醒他，千万别错过机会。其实傅震何尝不知道，留下来工作条件、生活待遇要比国内优厚得多，只要延长一年，自己行医，就可挣十多万元，何况这又是政策允许的。可他还是拿定主意，将按期回国的打算如实告诉了博克教授。博克非常吃惊，没想到他这么快就决定了去向。爱才的博克感到惋惜，但更多的是对他的敬重。到傅震回国这天，博克教授开车将傅震一直送到 150 千米外的法兰克福机场。

傅震回国不久，国内发生了严重的政治风波。7 月初，博克来信说：1994 年 5 月将在西德召开世界神经外科会议，他可利用这个机会再去德国。可是他清楚地知道，国外每 1 万人就有 1 名脑外科医生，而 11 亿人口的中国，仅有 4000 名左右。当初自己毅然按时回国，就是为了履行自己的诺言，报效祖国，怎能在它遇到困难的时候远走高飞呢？

从德国进修回来，他如虎添翼，把许多脑患者从死亡边缘挽救过来。归国后一年里，他做了 50 多例脑动静脉畸形、颅内动脉瘤等难度大的手术，成功率为 100%。1990 年 3 月，晋升为副教授、副主任医师。1991 年 1 月，傅震在人民大会堂主席台前，从江泽民同志手中接过了“全国有突出贡献的回国人员”奖状和证书。在傅震的心目中，他想到：重要的不是荣誉，而是奉献，而是实现了自己的诺言。

动人以行莫虚语

【原文】

动人以行，不烦虚语。

——《寄上范参政书》

【译文】

要用行动去感动人，不必说那些虚假、空洞的话。

守信立诚

诚信本来属于道德领域，它反映的是一种境界，一种科学有序的社会氛围，是做人做事和社会交往基本的条件。诚信本身并没有经济价值，不具备货币属性，不受经济规律调节，它是不能用金钱衡量的。如果让诚信附加铜臭味，就是对诚信的歪曲和亵渎。

诚信是一张无形的支票，持票人就是本人，承兑行就是社会公众。缺乏诚信的持票人因为不够条件和资格，在“银行”就无法兑现，还会受到嗤之以鼻的冷遇和白眼，别人会像躲避瘟疫一样躲避。久而久之，这种人将成为孤家寡人。对于守信者，社会公众这个“银行”不但会给予丰厚的回报，而且会赠予高度的赞誉和表扬。他的声望和财富会显著增加，个人价值会充分实现。只有从无价变成了有价，才会使成本内部化，才能使利益与诚信直接挂钩，才可使个人得失与诚信紧密相连。缺失诚信的人将受到惩处，守信者将受到奖赏，这样才体现公平。相反，如果失信、造假、欺骗的人得到的好处比诚实守信的人还多，人们就会纷纷仿效，最后就会使整个社会丧失诚信基础。

家风故事

敢说真话的高允

高允的父亲少年时代就以见识高明、才智过人而出名，但他死得很早，高允幼年就成了孤儿，所以他很早熟，气度非凡。清河人崔玄伯见到他后惊叹道："高允品德高尚美好，举止神情文雅，将来必定成大器而成为一代人杰。"高允十几岁的时候祖父也去世了，他回家奔丧，把家产都给了两个弟弟，自己却出家当了和尚，不久还俗。高允天生喜欢文史典籍，身上背着书籍不远千里地到外地求学，很快就掌握了许多知识，尤其精通天文历法方面的学问。

后来高允被聘为从事中郎，当时正是春天，很多囚徒没有处置，高允和吕熙等人分别去各个州郡处理这些事情。吕熙等人都因为受贿而被抓了起来，只有高允一个人为官清廉，最后受到了嘉奖。

高允兼任了著作郎，和崔浩一起奉命写国史，完成了《国记》。当时崔浩找了很多懂得天文历法的人，考证出汉代以来日食、月食和五大行星的运行规律，另外制定出了一部历法，拿给高允看。高允指出了里面的不足之处，崔浩却认为他错了，两人争执不下。一年多以后，崔浩对高允说："上次我们争论的问题，我确实没有认真地思考，后来经过进一步考证，果然和你说的一样。"崔浩对别人说："高允的学问太精深了！"从此大家对高允非常佩服。

一次，皇帝问高允："朝廷的大事那么多，应该最先处理什么事呢？"当时全国的土地多数都被封禁了，而且不靠务农吃饭的人也很多，北魏的农业受到了极大的损害。高允针对这个情况说道："我小时候很穷，所以只懂得种地的事，请让我谈谈农业吧。古人说，一平方里的土地可以开垦出三顷七十亩的良田。如果辛苦耕耘，一亩地可以增产三斗，如果懒惰就会减产三斗。天下良田那么多，增加或减少的粮食又该是多少呢？如果官府和农民家都储存了足够的粮食，那么即使是遇上饥荒，也没有什么可担心的了。"皇帝觉得这个想法非常好，于是解除了对土地的封禁，把良田分给了农民。

崔浩因为在国史上写了北魏统治者的一些丑事，被抓了起来。太子把高允找来，告诉他皇帝问起来就顺着自己的话去说。太子对皇帝说："高允做事一向很小心谨慎，这次编写国史，一切都是崔浩的意思，他只是照着崔浩的话去做罢了，所以请饶他一命。"皇帝问高允："国史是不是都是崔浩写的?"高允老老实实地回答："《太祖记》是邓渊写的，《先帝记》和《今记》是我和崔浩一起写的。崔浩一般都是做综合的工作，主要负责统筹安排。书里面注解部分，我做得比崔浩还多。"皇帝听了之后大怒，对太子说："他的罪比崔浩还重，怎么能放了他?"太子赶紧为他辩护："高允是小臣，见到圣上就紧张得胡言乱语了。我以前问过他，他每次都说是崔浩写的。"皇帝又问高允是不是这么回事，高允回答道："我是个平庸的人，写书的时候错误百出，应当灭族，今天我已经甘愿受死，所以不敢不说真话。太子殿下因为我长期为他讲课，所以可怜我，想让我活下来。其实他并没有问过我什么，我也没有说过那些话，我说的都是实话。"皇帝对太子说："他真是个正直的人啊！对于一个人来说，他这样已经很不容易了，而且能够不怕死，这就更难了。而且他对我说的都是实话，真是一个忠臣！就为他说的那些话，我也不能治他的罪，那就饶了他吧。"高允就这样被赦免了。

皇帝审问崔浩的时候，崔浩怕得话都说不出来，结果皇帝更生气了，命令高允替他写诏书，崔浩以下，仆人以上共128人，全部灭五族。高允迟疑着没有写，皇帝则频繁下令催促。高允请求见皇帝一面再写，他说："崔浩犯的罪，如果还有撰写国史以外的原因的话，这不是我敢知道的。如果只是因为国史一件事的话，那么秉笔直书虽然对朝廷有触犯，但罪不至死啊。"皇帝很生气，下令把高允抓起来，太子赶快为他请罪，皇帝说："如果没有这个人对我表示不满的话，早就有几千人被杀头了。"但崔浩最后还是被杀，他的五族也被灭了。

这件事过去之后，太子责问高允："人应该审时度势，不然书读得再多又有什么用？那时候我引导你回答皇上的话，你怎么不顺着我的话说？结果把皇上气得那个样子，现在想起来还让人后怕呢。"高允说："崔浩为人太贪，节操不够，私心太重，这次的事他负有很大的责任。但是秉笔直书并不是他的错，再说我确实也和他一起参与了编写国史，按理说罪名本来就没有什么不同。我只是蒙受了您的关怀才苟且免死，这并不是我的本意。”太子听了之后非常感动。

后来太子英年早逝，高允回想起当年太子为了救他而四处奔走的恩情，非常悲恸，于是很久都没有进宫朝见皇帝。皇帝召见他，高允进宫后，走到台阶那儿就开始哭，哭得不能自已。皇帝看见他哭，自己也跟着哭了起来，并命令高允到外地去任职。大臣们都不知道为什么，相互之间说道：“高允没有遇到什么值得悲伤的事情啊，结果让皇上也如此悲伤，怎么回事啊？”皇帝听到他们的议论后，把他们叫来说：“你们不知道高允为何悲恸吗？”大家说：“我们看见高允不说话只是哭，而陛下也为这事难过，所以偷偷说了几句。”皇帝告诉他们：“崔浩被杀的时候，高允本来也该被处死的，由于太子苦苦相谏才得以幸免。现在太子不在人世了，所以高允看到我就想起那事，悲恸起来了。”

高允很长寿，他一直活到了98岁，死后得到了朝廷从来没有给过的封赏，谥号为文。

直言不讳讲真话

【原文】

臣鉴先征，窃惟今事，是以敢肆狂瞽，直言不讳。

——《晋书·刘波传》

【译文】

我想起本朝的开国历史，再联想到现今的时事，所以不顾戒

律，放肆地、直率地、毫不忌讳地把想说的都说出来。说话直爽，一点儿也不忌讳。

守信立诚

直言不讳体现了光明正大、忠心耿直、说话不拐弯抹角，不虚假掩饰，不隐瞒事实真相，说真话、说实话的作风和特点。

敢言，即敢于直言，敢于说真话，开门见山，一针见血，不隐恶，不饰非。敢于直言不是不讲究说话的方式和艺术，而是指敢于坚持原则，实事求是，丝毫不因私情，不为面子而有所顾忌，躲躲闪闪。敢言，反映的是一种实事求是的品格，一种敢于负责的精神和一种雷厉风行的作风。敢为天下先，指的是敢于尝试敢于创新的精神品格。在竞争的环境中，只有勇于开拓创新才会占领先机，从而在竞争中胜出。敢言一般出于公心，为了公共利益，敢为天下先则主要表现为个人的作风品格。本文仅重点讨论中国社会长久萦绕的一个普遍问题：说真话者少，说假话者多，敢言难！

直言不讳是中华民族的一种传统美德，也是社会主义和共产主义道德思想的一种优良品质。它主要是指人们为人处世能够直率地把话说出来，一点儿也不隐瞒，毫不忌讳。直言不讳是人们正直善良、刚直不阿这些优秀品质在道德生活中的具体体现。

在我国历史上，一些进步思想家和有德之士，他们把直言不讳作为自己敢于对国事负责，敢于讲真话的一种美好品德。

家风故事

华元实话退楚师

春秋时代，地处南方的楚国渐渐强大起来。楚庄王问鼎中原，意欲称霸诸侯。公元前 597 年楚兵伐萧，宋国曾派人去救萧，楚庄王决定惩罚宋国，以树立霸权。

楚庄王为了制造出兵的借口，就派使者申舟到齐国去，让他路过宋国时，故意怠慢宋国，不向宋国请求借道。申舟到了宋国，果然被扣留了。宋国的大臣华元对宋文公说："楚国的使者过境，连个招呼都不打，违反了'过邦假道'的礼仪，分明是把我们宋国看做楚国的边远属地。一个国家被别国视为边远属地，就等于亡国。要是杀了楚使，楚国必来攻打，也是亡国。反正怎么都是亡国，不如杀了申舟。"于是就在杨梁（今河南省商丘市东南）的大堤上，杀了申舟。

消息传到楚国，楚庄王一甩袖子站起来，光着脚就往外走，内侍们赶紧拿起鞋、佩剑去追，赶车的驭手也急忙套上车，追了很远才让楚庄王乘上战车。公元前 595 年 9 月，楚庄王亲率大军围困宋都商丘。

宋国派人到晋国去求救兵。晋国的谋臣伯宗说："鞭子再长，也打不到马肚子上。晋国虽强，也不能派兵到那么远的地方去与楚国争雄。"晋国按兵不动，却打发一名壮士解扬到邻国去放风说："晋国大军全部出动了。"楚军捉住了解扬，要他登上兵车的高架子，告诉宋人：晋国没有派兵来。解扬在下边答应照这样说，可是一登上高架对宋国喊话时，还是按晋景公的指示说："晋军已全部出动来救宋国了。"楚庄王无可奈何地放了这个解扬回去。

楚庄王围困宋都，旷日持久，攻不下来。到了公元前 594 年 5 月，眼看军粮快吃光了，楚庄王打算撤退。这时，有个名叫申叔时的驭手建议：筑室反耕，就是在城外修筑营房，以示久留；让郊外的农民回去耕地，以便获得军粮。

楚庄王采纳了他的意见。不久，宋文公知道了楚军已作持久围城的准备，非常恐慌，就派华元夜里从城墙上用绳子坠下去，到了楚军将领子反的军帐。子反是楚国公子，名叫熊侧，跟华元有些交情。华元夜访，他已猜到来意，就问："宋国围城里情况怎样？"华元回答说："城里粮食吃光了，柴草烧光了，老百姓家互相交换孩子吃了充饥，劈开死人的骨头棒子当柴烧。"子反说："既然已到了这步田地，为什么不接受楚国的和平条件呢？"华元说："我们宋国国王让我转告楚王：宁可死绝了，也不接受城下之盟。如果你们楚军退后 30 里，那一切条件都好商量。"

子反听了华元说的这些实话，知道宋国不会屈服，而楚军的粮食只够吃几天的。再拖下去楚军就要不战自溃，如果遭到晋军的伏击，更加危险，就把华元领去见楚庄王。

楚庄王出师围宋，意在炫耀武力。结果围了九个月还没攻下小小的宋国，觉得很丢面子。其实，楚庄王并没有料到这次出师会有如此悲惨的结果，弄得宋国人易子而食，析骸而爨，楚军也粮草告急，军心涣散。三年前，楚军大败晋军后，楚将潘党建议用晋人的尸体堆成一座山，以炫耀武功。楚庄王制止了这种不得人心的做法，提出“止戈为武”，认为武力是用来“禁暴、戢兵、保大、安功、安民、和众、丰财”的。现在宋国百姓饿死那么多，以后还有什么脸面去宣扬“安民、和众、丰财”呢？

现在华元以实情相告，楚庄王也被他的诚实所感动，再加上有了保住面子的办法，就立即下令向后撤30里。宋文公与楚庄王举行盟会，缔结和约。在盟会上楚、宋两国国君宣誓：“我无尔诈，尔无我虞。”

华元真话退楚师的故事说明：敢讲真话，是有力量的表现。

表里如一显君子

【原文】

以忠，则表里如一。

——《朱子全书·论语》

【译文】

表示忠诚，那么形容言行和思想完全一致。

守信立诚

表里如一是中华民族的一种传统美德，也是社会主义道德的一种优良品质。它主要是指人们的思想和言行的一致。

表里如一这种品德，不仅表现为说的和做的一样，而且心里想的和做的也是表里如一这种品质，要求人们心中想什么，言语中就讲什么，行动上就表现什么。但是，在阶级社会中，只有劳动人民和一些进步思想家才能不同程度地做到表里如一。而对剥削阶级来说，他们则做不到。这是他们损人利己的本质所决定的。他们为了个人私利，只能是口是心非，口蜜腹剑，表面一套，内地一套。

在建设社会主义物质文明和精神文明的过程中，要做到表里如一，就是要做到行为美与心灵美的统一。行为美是心灵美的外在表现，只有心灵美才能行为美。因此，我们要陶冶美好的心灵，从而自觉支配美的行为，使美好的心灵和行为统一起来。

家风故事

表里如一的子产

子产，名叫公孙侨，是春秋时代郑国的一位杰出政治家。

郑国地处中原，北方的晋国和南方的楚国争霸，威胁郑国的安全；国内贵族豪强不断爆发流血冲突，形势相当险恶。公元前 554 年，子产任郑国卿，多次参加外交活动，有力地维护了郑国的利益，逐渐崭露头角。

公元前 549 年，当时的霸主晋国由范宣子执政，要求诸侯增加朝聘的礼品。子产写了一封信，让人捎给范宣子，诚恳地指出：财货多了对晋国不是好事，而且能导致晋国分裂，危及范宣子自身。正像是象牙值钱，才造成大象被杀。范宣子觉得子产真是为晋国着想，就决定减轻朝聘礼品的负担。

公元前 543 年，子产开始担任郑国执政。他推行一系列有利于稳定大局、发展经济的政策。刚开始的时候，老百姓有些不满，在道路上赶车的唱小曲咒骂子产：“谁杀子产，我一定帮助他。”等到子产执政三年，政策收到实效，老百姓尝到了甜头，社会舆论也发生了变化，唱小曲的人说：“子产可别死，死了到哪去找这么好的官呢？”

子产善于发挥政界人才的整体优势，让每个有长处的人各得其所。但是还是有人议论子产，他们聚集在乡校里，发牢骚，无所顾忌，什么话都敢说。这时候，郑国的一位坚决支持子产改革政策的人——然明，在乡校里听到了很多刺耳的话，建议子产毁掉乡校，不让他们利用乡校作为反对改革的论坛。子产说："为什么要毁掉乡校呢？人们一早一晚有了空，到乡校里去闲聊，议论执政的成败得失。他们认为适当的，我就继续实行；他们认为不适当的，我就改正。他们的批评就是我的老师，为什么要取缔呢？我听说老老实实地办好事，以减少人们的怨恨，没听说要威风来禁止人们的怨恨。要威风倒是能很快制止人们的批评，可是就像在江河上筑堤堵水一样。如果突然发生大规模决口，伤人一定很多，我就无法挽救了。不如慢慢引导它，让它细水长流，一点一点往外淌；不如我倾听这些批评，把它当做治病的良药。"

郑国大贵族子皮，名叫罕虎，是子产的坚决支持者。有一天，子皮提出让他的一个亲信尹何去做邑宰。子产说："尹何年纪太轻，恐怕不合适。"子皮说："他对我忠心耿耿，不会背叛我。至于年轻，缺乏经验，可以让他先干起来再学习嘛。" 子产说："这样做就好比一个人，连刀都不会握，却要让他去割肉，肯定会伤人害己。您是郑国的顶梁柱，您要倒了，我也就完了。所以我劝您，还是让尹何先学习后从政，而不要先从政后学习。"子皮非常佩服，表示今后连他家的事务都听子产定夺。

公元前 541 年，楚国公子围到郑国去迎娶郑国贵族公孙段的女儿为妻，带去一位武将，名叫伍举，领着一大帮士兵，要进城去。子产见他们不怀好意，就让善于辞令的子羽去说："我们郑国是小国，全靠大国多多关照才有安宁，如果有人包藏祸心来算计我们，不但我们失去依靠，你们也会失去诸侯信任。"伍举一听这话，知道郑国已有戒备，只好把盛箭的袋子倒过来提着，以示里面没藏兵器。郑国才允许楚人进了城。

子产执政 20 多年，郑国相对安定，经济也逐渐繁荣起来。他出使晋国，赢得"博物君子"的称号；他死后，孔子赞美他是"古之遗爱"。

诚恳地听取别人的批评意见，诚恳地向别人提出批评意见，子产这种表里如一的作风，至今仍然被看做是一种美德典范。

彼说长，此说短

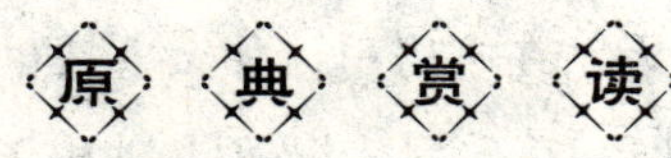

【原文】

彼说长，此说短，不关己，莫闲管。

——《弟子规》

【译文】

遇到他人来说是非，听听就算了，要有智慧判断，不要受影响，不要介入是非，事不关己不必多管。

守信立诚

“彼说长，此说短”指说人是非。生活中当遇到他人来说是非，听听就算了，要有智慧判断，不要受影响，不要介入是非，事不关己不必多管。在工作中我们很容易遇到“彼说长，此说短”，这时候我们一定要敬而远之，要做好自己的“本职工作”，让我们的表现唤醒说他人是非的人的惭愧之心，同时也要懂得顾全大局。但是为了团体的利益，比如在开会研究问题等特殊场合时还是该说的要说，尽每一个人的本分。会后绝对不要乱说，把时间耗费在无谓的口舌之争上。所以，千万不要把我们的宝贵时间，浪费在彼此的闲聊当中，我们要深深地警惕自己“祸从口出”，言语一定要特别小心。

生活中如果你一直受是非的困扰，你会一直郁闷难过。为什么？在我们周围总有一些人喜欢搬弄是非，传播流言。当传入你这个“受害人”的耳朵里时也许不堪入耳，导致你伤心难过。当面对一些愿意搬弄是非者时，最好的办法是找个借口，“莫闲管”，远离是非之人，远离是非之事，不说闲言，不打妄语。中国古训有“来说是非者，必是是非人！”

恶语永远不要出自于我们的口中，不管外境如何，只要我们口出恶语，我们的心就被污染了。

家风故事

三年不窥园

西汉时期，董仲舒为了潜心学习，整天钻在书房里，什么事情也不过问，吃的、穿的也不讲究。据说在他家的旁边有一个菜园，但是他由于学习过于认真，有三年的时间竟没有踏进过那个菜园一步。所以后人说他“不窥园中菜”。董仲舒后来成为我国古代著名的思想家，这和他专心学习、不为杂事所累的精神是分不开的。他对孔子所创立的儒家思想体系的延续和发展，作出了杰出贡献。所以，我们重要的是要做好自己的事情，不要整天东家长西家短地拨弄是非，这样于人于己都没有好处。

许敬宗答唐太宗问

唐太宗时期，许敬宗任中书侍郎，深为唐太宗李世民所器重。一天，太宗问许敬宗：“朕观群臣之中，惟卿最贤，有言非者何也?”意为：“我看这么多官员中，只有你最好，可是有人说你不好，这是为什么呢?”许敬宗对这个问题回答得很妙，“春雨如膏，滋长万物，农夫喜其润泽，行人恶其泥泞；秋月如镜，普照四方，佳人喜其玩赏，盗贼恶其光辉，天尚不能尽遂人愿，何况臣乎?”这就是说，春雨那么好，农民喜欢它，可行人却因路滑难走而厌恶它；秋天的月亮像镜子一样美丽，佳人十分欣赏，但盗贼讨厌其光辉。天都不能遂人愿，何况臣？好与不好都是相对而言的，都是有时间、地点、条件限制的。以春雨和秋月打比喻，虽说明了一些问题，但给人的印象还不深。于是，许敬宗接着说下去：“臣无肥羊美酒，以调众人之口，故是非不可听，听之不可信。君听臣遭诛，父听子遭戮，夫妻听之离，朋友听之别，乡邻听之疏，亲戚听之绝。”这段话回答得更妙，自己没有好吃的和好喝的东西去堵塞人家的嘴，只好任凭别人说三道四。最重要的是，你当皇帝的不应该偏听偏信那些搬弄是非的流言蜚语。许敬宗一口气列举了六个事例，说明了君臣、父子、夫妻、朋友、乡亲和亲戚之间，听信是非会造成多么严重的恶果。最后，许敬宗更深一层地点出了问题的实质，“人生七尺之躯，谨防三寸舌。舌上有龙泉，杀人不见血。”那些惯于颠倒黑白、造谣中伤、诬陷好人、美化自己的花言巧语者，他们的三寸不烂之舌就像杀人不见血的龙泉剑，人们不可不防呐！

这篇短文的结语是：帝曰：“卿言甚善，朕当识之。”岁月如梭，往事如烟，从唐代到现代，一千多年过去了。但今天我们重温《许敬宗答唐太宗问》这篇短文，仍有现实意义。人应该大公无私如春雨，光明磊落如秋月，所作所为虽不能尽遂人愿，但总应对得起绝大多数人。对己应严要求，对人不可说是非，更不可听信是非。

欺人亦是自欺

【原文】

欺人亦是自欺，此又是自欺之甚者。

——《朱子语类》

【译文】

欺骗别人其实也就是欺骗自己，而这又是自我欺骗最严重的一种。

守信立诚

与人交往，说话要实实在在，有一就说一，有二就说二，不夸大也不隐瞒，更不能胡编乱造，无中生有。

我国著名的翻译家傅雷先生说："我一生做事，总是第一坦白，第二坦白，第三还是坦白。绕圈子，躲躲闪闪，反易叫人疑心。你耍手段，倒不如光明正大，实话实说。一个人只要真诚，总能打动人的。"

小时候，我们都听过《狼来了》这个故事。故事中的小孩子觉得放羊太无聊，就大喊一声"狼来了"来戏弄牧人，他没想到有一天来的不是担心他的牧人，而是想吃他的狼。要是早知道自己会被狼吃掉，小孩子还会喊吗？撒谎的时候，多数人不知道撒谎的结果，也有些人明知道结果却还是撒谎，一旦真相被拆穿，等待他们的也许是失信的尴尬，也许是比尴尬更加悲惨的灭顶之灾。

谎言让人不安。在《安徒生童话》里，一位国王被两个骗子蒙骗，拿出大笔金子要做一件世界上最好看的衣服，最后一丝不挂地走在大街上，因为大家都在撒谎，大家都在怀疑自己的判断。一旦人们生活在撒谎的环境中，就会变得再也不能相信任何人，不论是他人的话语还是自己看到的事情都让人心生疑惑，而人与人的不信任一旦形成，很多美好的感情就会丧失，于是人们看到小孩子被狼吃掉、国王和臣民一起被愚弄的故事。

家风故事

滥竽充数

战国时期，齐国的国君齐宣王特别喜欢听用竽演奏的音乐。竽是一种竹制的像现在的笙一样的乐器，能吹出非常美妙的音乐。

齐宣王非常喜欢听乐队齐奏，他有一支庞大的竽演奏乐队，共有二三百人。齐宣王命人修建了一个演奏大厅，当他心情好，想听音乐的时候，就把几百号人召集到大厅里来。他一边饮酒，一边欣赏。

这一天，演奏大厅里竽声齐鸣，舞女蹁跹，齐宣王正在兴致勃勃地听演奏。一曲演罢，忽然一个侍卫前来禀报，说门口有一位南郭先生，自称吹竽技艺是国内第一，他苦练了十年，一心想为大王演奏。

齐宣王一听非常高兴。他想：知道我爱听竽，就有人苦练十年，练成国内第一高手来为我演奏，足见我的声威浩大。我也要让自己表现得爱惜人才，礼贤下士，让天下所有有才能的人都来为我服务。

于是，齐宣王把南郭先生召进大厅。他也没有试试南郭先生竽吹得到底怎么样，就向乐队的人宣布："南郭先生是国内吹竽吹得最好的。他很忠诚，一心一意要为我演奏。我希望国人都能像南郭先生一样为我效力。现在，我任命他为演奏团的一员，并先赏银十两。"

南郭先生一听，高兴得急忙叩头感谢齐宣王的恩典，然后拿着赏银，夹着竽便坐到了乐队里。他抹了一把头上的冷汗，装模作样地吹了起来。

实际上，这个南郭先生根本不是什么"第一高手"，也从来没有学过吹竽。他原是南城一个游手好闲、好吃懒做的无赖，人称南城小二。他家中最初还有点积蓄，但后来却让他折腾得一贫如洗。这南城小二不仅不思改过，反而心起邪念，天天都在想：到哪儿能骗口饭吃呢？

这一天，他漫无目的地在街上游荡，不知不觉走过齐宣王的演奏大厅。他远远地看到许多艺人拿着竽，穿着一样的衣服，打扮得非常精神，去为齐宣王演奏。南城小二这才想起来，国中都盛传大王爱听吹竽，养了二三百人专门给他吹竽听，原来这就是那些吹竽的人啊！听说大王不仅管他们吃，管他们喝，管他们住，每年还给他们十几两银子。南城小二想：这比我整天到处游荡，吃了上顿接不上下顿强得多了。他看到那些吹竽手得意扬扬地走进大厅，心中又是羡慕，又是嫉妒。

就在这一刹那，南城小二脑袋里突然冒出这么一个念头：我何不也装作个吹竽的，混到大王的乐队里混碗饭吃呢？反正二三百人一起演奏，只要大王不面试我，谁能知道我到底会不会吹竽呢？

南城小二主意一定，便开始装扮起来。他弄来一套书生的衣服，又买了一支竽，一比划，觉得自己还挺像那么回事。然后，他又在肚子里编好了一套谎话，就到齐宣王那里去了。

别看南城小二极其坦然地向齐宣王编着瞎话，其实，他心里虚得直发抖，全身冒了一身冷汗。他知道，万一谎话被大王识破，那就是欺君之罪，要杀头的。可他万万没有想到，这一关竟这么容易就混过去了。大王居然试也不试，就让自己进到乐队中，而且，还给了他十两赏银。南城小二能不高

兴得心花怒放吗？

从此，这南城小二摇身一变，成了齐国最有名的竽演奏家南郭先生。

最初，齐宣王每次召集乐队演奏时，南郭先生总是躲在乐队的后面，偷看别人的动作，人家怎么做，他就怎么做，竽虽然放在嘴上却不敢吹出声，生怕万一吹出点怪声，露了马脚。后来，他渐渐地发现，在庞大的乐队中，自己偶然吹出一两声怪音，齐宣王根本听不出来。于是，他的胆子越来越大，居然每次演奏时，他都敢坦然地坐在第一排。他吹起竽来摇头晃脑，点头跺脚的，格外卖力。齐宣王看他每次演奏完一曲总是满头大汗，心想：这果真是高手，毕竟跟他们不一样。这样一来，南郭先生得到的赏银也格外多。

可是，好景不长。没过多久，齐宣王得病去世了，齐湣王当了国君。齐湣王经常陪父王听乐队演奏，也很喜欢听吹竽。但是，他听吹竽和齐宣王有所不同，他不喜欢听二三百人齐奏，而是喜欢听个人独奏。他决定精简齐宣王留下的乐队，留下吹得好的几十个人为他演奏。

这天，齐湣王把乐队召集到了演奏厅。南郭先生以为齐湣王也像齐宣王那样，喜欢听二三百人一起为他演奏，就混在吹竽手中跟着来了。还没等他们坐下，就听齐湣王宣布：“从今天起，就不需要你们二三百人一起演奏了。我要你们一个一个地演奏给我听。吹得好的就留下，吹不好的就回家去。”

南郭先生一听，顿时吓得面如土色。他夹着竽一点一点地蹭到乐队后面，心想，只要今天轮不到我，明天我就想办法逃命，否则，我就必死无疑了。

果然，齐湣王听了十几个人吹奏，就听烦了：“怎么都吹得这么差？你们都回家吧。剩下的明天再试。”南郭先生一听，知道自己的水平连他们的一半还没有呢。三十六计，还是走为上策吧。

回到住处，南郭先生急忙打点包袱。另一个吹竽手看了奇怪地问：“你是全国第一高手，就是我们都被轰走了，也轮不上你呀。你为什么还要收拾铺盖呢？”南郭先生支支吾吾地搪塞过去了。

第二天，乐队一到大厅，齐湣王就想起了过去那个自称“全国第一高手”的南郭先生，于是，他对乐队高声说道：“先让那位南郭先生给我演奏。”可是，侍卫们喊了半天，也没见有什么南郭先生走出来。这时，昨天和南郭先生搭话的那位吹竽手向齐湣王禀报说：“大王，我们今天一觉醒来，南郭先生和他的行装就都不见了。”

齐湣王听了勃然大怒：“哼！什么‘第一高手’，他一定是个滥竽充数的骗子。他利用我父王喜欢听齐奏的特点，便鱼目混珠，混在乐队里，骗取俸禄，蒙混过关。他自称‘第一高手’，可是，有谁听过他独自演奏？现在，我要一个一个地考试，他没有这个本事，自然就吓得逃跑了。”接着，齐湣王下令抓住南郭先生，要以欺君之罪杀了他。

这时，南郭先生早已逃出了王宫，逃到了南城，又恢复了南城小二的本来面目。要不是他逃得快，恐怕这南郭先生早就成为齐湣王的刀下鬼了。

滥竽充数这个故事在中国流传了几千年，那个卷着铺盖逃跑的南郭先生也成了人们记忆中的经典形象。南郭先生只是撒个小谎，为了混口饭吃，后来撒谎成了习惯，他不觉得自己的做法有什么错误，直到有一天真相即将大白，他才发现自己竭力维持的假象其实不堪一击。别的乐师不管技艺好坏，都是具有真才实学的，只有他是一个摆样子的冒牌货。

凡出言，信为先

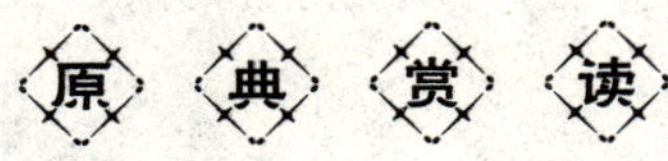

【原文】

凡出言，信为先，诈与妄，奚可焉。

——《弟子规》

【译文】

开口说话，诚信为先，至于欺骗或花言巧语，更不能使用！

守信立诚

“凡出言，信为先”中“言”指说出去的话。“信为先”指说话要以讲诚信说真话为首要准则。“诈与妄，奚可焉”中“诈”指欺骗，“妄”指胡乱讲话，没有依据。“奚可焉”，“奚”是为何、为什么？“可焉”，可以做。生活中我们人与人之间的沟通交流就是以语言为工具，因此我们讲话就要在互信的基础上，讲诚信，说真话。因此说话时，首先要以“信”为准则，要真诚，我们要把握好说话的原则，千万不要诈与妄。

家风故事

信用当先的宋庆龄

宋庆龄，1893 年生于上海，1915 年与孙中山结婚，跟随孙中山踏上捍卫共和制度的艰苦斗争历程。1949 年当选为中央人民政府副主席，并一直担任全国妇联名誉主席和中国人民保卫儿童全国委员会主席职务。1950 年被选为世界和平理事会理事。1954 年 9 月当选为全国人大常务委员会副委员长。1959 年 4 月当选为国家副主席。1981 年被授予国家名誉主席荣誉称号。1981 年 5 月 29 日病逝于北京。

宋庆龄从小就是一个很守信用的人。一个星期六的下午，宋庆龄在家里教同学小珍折纸。临走时宋庆龄折了一只花篮送给小珍，小珍高兴地说：“哎呀！这花篮真漂亮！明天上午我来向你学，好吗？”宋庆龄点点头说：“好，我一定在家里等你。”

星期天一早，爸爸对宋庆龄说：“今天上午，我们全家都到李伯伯家去做客，你高兴吗？”宋庆龄笑着说：“好，好，太高兴了！”可吃早饭的时候，宋庆龄忽然想起了昨天答应小珍的事，她对爸爸说：“哎呀，差点忘啦！我和小珍昨天就约好了，等会儿她要来学折花篮呢！我不能到李伯伯家去了。”

爸爸说："好长时间没到李伯伯家去了，你不是早就想去吗？还是去吧，教小珍折花篮什么时候都可以。明天见到小珍，向她说明一下不就可以了么?"

宋庆龄想了想说："爸爸，还是你们去吧，我不能不守信用，我一定要等她!"

早饭后，爸爸妈妈他们都走了。宋庆龄一个人在家里，准备了许多的小方块纸等小珍，可是一直等到 10 点钟，小珍还是没来。宋庆龄还是耐心地在家里等。挂钟又敲了两次，都 12 点了，小珍依然没有来。正在她失望的时候，家里的大门开了，宋庆龄高兴地迎了出去，可进来的却是爸爸妈妈他们。

爸爸见状，问道："你的朋友来了吗?"

宋庆龄轻声回答道："她没有来。"

爸爸惋惜地说："早知道这样，到李伯伯家去多好呀。"

宋庆龄说："我虽然没有等到小珍，但我做到了妈妈常说的一句话——做一个讲信用的人。"

第五章

以信得民：得民心者得天下

古代儒家论“信”，往往与“诚”相联系。“诚”在社会生活中的直接表现就是“信”，建立在“诚”的基础上的信任才是真正而持久的信任。从领导者从政的角度来看，“信”是为政的基础，民众的信任是政治成功的关键。领导者要以自身的守信来赢得民众的信任。

得民心者得天下

【原文】

诚信者，天下之结也。

——《管子·枢言》

【译文】

诚实，是社会人际关系的精神纽带。

守信立诚

诚信者得天下。在正常的社会交往中，诚实是人们相互联系的道义凭借，是为人谋事之本，是立身处世、成就事业的基石。有了诚，什么政事都好开展，否则虽三令五申，而令不明。在传统儒家思想看来，诚实是“进德修业之本”“立人之道”“立政之本”。诚实表明了言行一致，言而有信，实事求是，说真话，办实事，不歪曲、不掩盖事实真相。

春秋时期的思想家管仲说：“诚信者得天下。”在齐桓公要不要背弃威胁之下所签订的盟约时，管仲说道：“威胁之下的盟约可以背弃，但主上不去背弃，这就立信于天下了。”齐桓公采纳了管仲的意见，从而提高了威望，取得了天下。

为什么讲诚信者得天下呢?因为讲诚信可以得到老百姓的支持和拥护，可以得民心，而得民心者得天下。

人民，也只有人民才能创造历史。人民的力量是巨大的，兴因百姓，败也因百姓。百姓的人心向背决定一个朝代的兴衰，民为邦本，这是为政者需要牢记的。

家风故事

晋文公以信服人，得以称霸

晋文公，春秋时晋国君，姓姬，名重耳，由于其父献公立幼子奚齐为嗣，他惧祸流亡在外十九年。流亡生活使他历尽艰难险阻，也使他增广见识，了解各国兴亡经验和其他各种情况，在挫折中不断成长。后回国即位，任用贤臣，整顿军队，发展生产，国势强盛。他以“尊王”相号召，并能以信为本，因而得到诸侯国的佩服，这对他能成为霸主起了重要的作用。兹举晋文公守信二事如下：

一是退避三舍。重耳流亡楚国，楚成王厚待他，问重耳：“你就要回国了，怎么报答我呢?”重耳说：“万不得已开战，与君王以兵车会平原广泽，我后退九十里（退避三舍）。”以后晋楚争霸，矛盾激化，楚将子玉进军打晋师。晋文公守约“避三舍”，退到成濮，始与楚军战，楚军被打败。（《史记·晋世家》）

二是如约退师。晋文公为周王室平乱有功，周襄王赐给他温、原两地，两地之主不服。文公便起兵伐原，并与士大夫约定三日攻下原，到期，原不降，文公下令撤军。前往侦察的谍报人员回来说，原快要投降了。有的官员说：“原将降矣，君不如待之。”文公说：“信，国之宝也。因得原而失信，我不能这么做。”原人闻之，敬佩文公有信就投降了。

上述两件事，说明晋文公在争霸中很重视守信，将之视为“国宝”。文公如此重视信用，这在诸侯中引起了很大的反响。原投降后，温人也自动归顺，诸侯国因文公有信誉都随之归顺，晋文公终于继齐桓公之后成为霸主。

取信于民定天下

【原文】

自古皆有死，民无信不立。

——《论语·颜渊》

【译文】

自古以来谁也免不了一死，没有粮食不过是饿死罢了，但一个国家失去人民的信任，国家就站不住了。

守信立诚

人本理念是指管理者在管理实践中一切从人出发，以人为根本，进而调动人的主动性、创造性和积极性的思想观念。儒家的管理哲学带有鲜明的“人学”色彩，强调“以人为本”“以人为贵”。只有把人摆在第一位才能取信于人。

人是企业系统构成要素中最活跃、最积极、起决定作用的因素，因而企业管理必须以人为本。所以，管理者要重视员工、关心员工，尊重员工，充分调动员工的积极性和创造性。当然，强调重视员工的自身价值并不是宣扬个人利己主义，而更多的是强调群体价值。管理者要善于把员工的个人价值转化为企业价值，善于选择贤才，通过公平、透明的竞争机制和保障机制来锻炼员工的意志，培养他们的品格，为他们的成长创造良好的氛围，这样才能最终取信于人。

家风故事

商鞅变法立杆为信

商鞅，战国时期卫国人，姓公孙，名鞅，后在秦国受封领地“商”，就称他为商鞅，也叫卫鞅。他是中国古代著名的社会改革家。

商鞅年轻时，非常喜欢研究法律，是一个很有才华的人。开始是在魏国宰相公叔座手下当一名小官。公叔座发现他很有才能，曾向魏惠王建议让他治理整个国家，魏惠王没有采纳，所以，商鞅在魏国始终未被重视。

后来商鞅听说秦国要振兴国力，招募贤人，为了施展自己的抱负，他毅然离开魏国到了秦国。商鞅到秦国后，经人介绍，拜见了秦孝公，向秦孝公宣讲了“治世不一道，使国不法古”的道理，以及富国强兵的办法，很受秦孝公的赏识。商鞅在秦孝公的支持下，制定了鼓励耕战的新法令。

商鞅所制定的法令条文，对惩罚和奖励规定得都很明确，但也是很严格的。他认为要人们遵守法令，就必须先相信法令。他说：“对人的行为怀疑就谈不上名义，对事情怀疑就谈不上取得成就。”他怕老百姓不相信新法能真正实行，所以，在新法令制定好之后，没立即向老百姓公布，而首先取信于老百姓，要老百姓相信他商鞅说的话是算数的，所制定的新法令是要按章办事的，说到做到。要树立变法的信实感，怎么办呢？

商鞅令手下人在咸阳都城南门市场上立了一个 10 米长的木杆，公布告示，招募百姓把木杆搬走。如果谁能把木杆搬到北门，就奖励他 10 两银子。开始老百姓对这件事都感到很奇怪，谁也不敢搬。过几天还没有人搬，于是商鞅便派人又贴出告示说：“能搬到北门的，奖励他 50 两银子。”这时，有一个人抱着试试看的态度，把木杆从南门扛到北门。商鞅命人真的赏给那人 50 两银子。这件事在老百姓中间传开了，相信商鞅说话算数，而不是哄骗人的。商鞅取得了老百姓的初步信任。事过不久，商鞅突然在全国公布了新法令。

新法实施以后，多数人能按法令规定办事，但也有少数人不守法令。商

鞅对这些人不迁就，一律按法令办事。开始太子带头违法，商鞅在不便直接处罚太子的情况下，严厉地惩罚了太子的两位老师。这下，谁也不敢违法了，真正做到了令行禁止。于是秦国社会秩序大治，出现了道不拾遗、山无盗贼、家给人足的局面，为秦国后来的强大奠下了基础。

心悦而诚服也

【原文】

以力服人者，非心服也，力不赡也；以德服人者，中心悦而诚服也，如七十子之服孔子也。

——《孟子·公孙丑上》

【译文】

用强力来压制别人，即使能迫使别人屈服，也不能得到真正的信服，而只是暂时屈从而已。只有以德服人，才能取得别人真心诚意的服从，使别人跟随你，就像孔子的七十个学生追随孔子一样。

守信立诚

孟子认为，只有“以德服人”才能取得这样的效果。因为，用强力来压制别人，即使能迫使别人屈服，也不能得到真正的信服，而只是暂时屈从而已。只有以德服人，才能取得别人真心诚意的服从，使别人跟随你，就像孔子的七十个学生追随孔子一样。

什么叫“以德服人”？孟子所说的“德”，指的是仁义，而“人”就是爱人，这是一种同情心，这同情心，叫“恻隐之心”。以同情之心待人，就可以产生人们相互之间的理解和信任。但如果仅仅停留于此，那么一个有德之人只是一个众人所欢迎的人，充其量不过能使别人信任他，还不能使别人服从他。而“以德服人”的要求，却正是要建立这种服从关系。怎么实现这个转折呢？固然，可以借助道德的感召力来实现这一点。就是说，某种道德要求一旦被人们所接受，成为人们的道德信念，人们就会自觉追随那些最能实践这种道德要求的模范人物。这样，对道德目标的追求，就能转化为对某个具体道德榜样的追随。这也是一种服从。但是，如果把以德服人的方式仅仅局限于这么一种，那就太不够了。在现实生活中，重义轻利和杀身成仁的人虽然有，但不普遍，大多数人是要先解决了自身物质生活条件，才会去追求道德目标的，即所谓“衣食足而知荣辱，仓廪实而知礼节”。既然“以德服人”是一种政治实践纲领，首先是面对广大被统治者的，是面对大多数人的，因此，“以德服人”的统治者不可能企图仅凭道德示范来统治天下。实际上“以德服人”更重要的含义是通过体恤民情，为老百姓解决生活需要问题的途径来收服人心，从而巩固自己的统治。

家风故事

张纲治广陵

治国不能穷兵黩武，应以宽柔为怀，以德服人，张纲治广陵就是以诚信为本治理国家的典范。

张纲，字文纪，东汉顺帝时为侍御史。因主张惩治朝中贪官酷吏，所以遭到当时国戚梁冀的怨恨。

当时广陵郡（今江苏扬州）发生了张婴领导的暴动，这支队伍攻城掠县，诛杀刺史，在扬州、徐州一带活动三十多年。朝廷多次派兵围剿，始终未能取胜。权臣梁冀便指示有关部门，派张纲赴广陵任太守，企图利用他在广陵的失败为由对他加以陷害。

张纲虽然接受了朝廷的委任状，但却采取了与以前历任郡守不同的做法。以前派去的郡守，全都向朝廷多要兵马，而张纲却不要一兵一卒，只带少数随从赴广陵就任。张纲到郡以后，只带了十几个人，来到张婴的营前，要求与张婴相见。张婴听说张纲到来，以为又是朝廷派大兵来了，对他很不信任。但后来他发现张纲的确没有带兵马，为其诚信所感动，便前来拜谒。张纲将张婴请到府中，让他坐上席，并不指责他攻城杀官的行径，而是问他有何疾苦。当他听到张婴等人是为贪官所逼才铤而走险时，便开导说："以前的郡守大多肆虐贪暴，才导致你们怀愤相聚，他们确实是有罪该杀之人。然而你们的所作所为，也是不义之举。如今皇上圣明，皇恩遍泽四海，欲修文德以降服反叛，所以派我前来。今天我来，没有带大队人马，如果你们迷途知返，不但不对你们施以刑罚，还可以使你们享受爵禄之荣，这是你们转祸为福的机会。如果你们仍然执迷不悟，使皇上赫然震怒，调发湖北、江苏、河南、山东大兵合力围剿，那不是太危险了吗？我听说不分辨强弱之势，不识时务，不是明智；弃善从恶，不是智举；从逆去顺，不是忠臣；身死绝后，不是孝子；背正从邪，不是直行；见义不为，不是勇者。明、智、忠、孝、直、勇，这六者是成败利害的关键，你要深思熟虑呀！不可鲁莽行事。"

张婴听了这番话深受感动，他说："我张婴是荒裔愚人，不能自通于朝廷，由于不堪官吏暴侵，才相聚反叛，真有釜中游鱼朝夕难保之感。如今听了您这番话，真是看到了再生之路。只是我与朝廷作对多年，自知罪孽深重，怕一旦放下武器，便遭诛戮之祸。"

张纲为使张婴放心，指天地为誓，朝日月而拜。张婴第二天便率领他的部队归顺朝廷。张纲于是单车进入张婴营垒中，置酒大会，以示祝贺。接着，又遣散张婴部众，并分给他们田地，使其安居。从此，广陵地区人情悦服，人民安居乐业，安然无事。

张纲治理广陵的策略，可用三个字来概括：诚、理、信。他不带兵马，单车只身求见张婴，以此向张婴表示自己的诚意。他循循善诱，既承认官府的过失，又指出张婴反叛的结果，同时给以出路，动之以情，晓之以理。当张婴决定投降后，张纲又给田给房，对他的部下进行妥善安排，使他的部下有饭可食、有房可住、待之以信。以前历任郡守靠兵马军威而做不到的事情，却被张纲用诚、理、信做到了，而且不费一兵一卒。他的治郡方略，不是比千军万马还厉害吗？

德比才更重要

春秋时，晋国有位大夫名叫叔向，有一次叔向去见晋国的卿韩宣子，宣子正为贫困而忧愁，叔向却向他表示祝贺。

宣子说："我空有晋卿的虚名，却无其实，没有什么可以和卿大夫们交往的，我正为此发愁，你却祝贺我，这是什么缘故呢？"

叔向回答说："从前的晋国上卿栾武子没有百人的田产，他掌管祭祀，家里却连祭祀的器具都不齐全。可是，他能够传播美德，遵循法制，名闻于诸侯各国。诸侯亲近他，戎狄归附他，因此使晋国安定下来，执行法度没有弊病，因而避免了灾难。传到桓子时，他骄傲自大，奢侈无度，贪得无厌，犯法胡为，囤积财物，贪财牟利，该当遭到祸难，但仰仗他父亲栾武子的余德，才得以善终。传到怀子时，怀子改变他父亲桓子的行为，学习他祖父武子的德行，本来可以免除灾难，可受到他父亲桓子的牵连被杀，被陈尸在朝堂上，他的宗族也在绛邑被灭绝。如果不是这样的话，那八个姓郤的有五个做大夫，三个做卿，他们的权势够大的了，可是一旦被诛灭，没有一个人同情他们，只是因为他们没有德行的缘故！现在你有栾武子的清贫境况，我认为你能够继承他的德行，所以表示祝贺，如果不忧虑德行方面没有建树，却只为财产不足而发愁，我要表示哀怜还来不及，哪里还能够祝贺呢？"

宣子听了叔向的话，于是下拜并叩头说："我在将要灭亡的时候，全靠你救了我。不但我本人蒙受你的教诲，就是先祖桓叔以后的子孙，都会感激你的恩德。"

这个故事告诉后人，贫不足忧，而应重视积德，人没有德，越富有越可能会害人害己。而有德则可转祸为福的道理，清楚地阐明了贫富与德的关系。无德之人不仅自身难以延续奢华的生活，甚至可能遗祸后代，而有德之士除了受人敬仰，更可福荫子孙。因此积德行善才是一切幸福之源，而发财未必值得恭喜和期待。

推心置腹，以诚相待

【原文】

推之以诚，则不言而信矣。

——《中说·周公》

【译文】

只要能够推心置腹，以诚相待，不用言说也会相互信任。

守信立诚

王通说："推之以诚，则不言而信矣。"这是在对人们强调人与人之间相处，彼此要真诚的重要性。如果人与人之间能够推心置腹，以诚相待，那么不用多说什么也会相互信任。

宋代著名理学家杨时则进一步指出了人与人之间真诚缺失的严重结果。他在《河南程氏粹言·论学篇》中说："自不诚，则欺心而弃己；与人不诚，则丧德而增怨。"自己对自己不诚实，是对自己内心的欺骗，如果与人交往没有诚心，那么则是没有道德的表现，并且还会增加别人对自己的不满与埋怨。

一些管理者觉得管理是一件劳心费力的事，很难取得成效，其实这是因为他们不懂得"以诚聚才"的道理。也就是说管理者缺乏"真诚"的心态，而是怀着"利用"的心理来管理下属。这样，管理自然不能取得良好的效果。

俗话说："路遥知马力，日久见人心。"下属不是傻瓜，如果总是对下属怀着"利用"的心理，那么时间一长，下属自然就会发现上司的用心，这时，他们就会感到失望，觉得自己这样为工作卖命不值得，进而产生应付的心态来应对管理者。于是，他们在工作中就会碰到事情互相推托，遇到责任互相推诿，遇到荣誉争相邀功，等等。这样下去，总有一天，管理者会面对无人可管的局面。

家风故事

燕昭王以诚揽才终成大事

战国时期，燕昭王即位时，燕国刚刚经过内乱又差点被齐国消灭，国内情况可谓是一穷二白。于是，燕昭王急需四处招揽人才，但是燕国地小人稀、国力不强，有能耐的人都不愿意来。

昭王无奈，去请老臣郭隗出主意。郭隗问："人家来你这里都有什么好处呀?"昭王说："地位、金钱、美女，我早就准备好了。"郭隗说："先把这些都给我，你就能招到贤才了。"昭王怒了："就你？凭什么呀?"郭隗："你别急呀，我给你讲一个故事。"接着，他就说了个故事：古时候，有个国君，想要千里马。他派人到处散布想花重金购买千里马的消息，可是三年都没人给他送过来一匹。后来有个侍臣打听到远处某个地方有一匹名贵的千里马，就跟国君说，只要给他一千两金子，准能把千里马买回来。那个国君挺高兴，就派侍臣带了一千两金子去买。没料到侍臣到了那里，千里马已经害病死了。侍臣就把带去的金子拿出一半，把马骨买了回来。侍臣把马骨献给国君，国君大发雷霆，说："我要你买的是活马，谁叫你花了钱把没用的马骨买回来?"侍臣说："您现在又不缺钱，您缺的是马。人家听说您肯花钱买死马，还怕没有人把活马送上来?"果然，之后不到一年的时间里，国君就得到三匹千里马。

郭隗说完这个故事，说："你既然许给人才那么优厚的条件，就应该兑现它，以表明你的诚意，如果现在燕国本国的大臣待遇都很低，你怎么显示出你的诚意从而招到人才呢？要真想征求贤才，就不妨把我当'马骨'来试一试吧。如果像我这样的人都能得到重用，那么比我高明的人一定会被你的

诚意所打动，从而纷至沓来的。”

昭王觉得有道理，就给郭隗盖了一栋大别墅并拜他当老师。消息传出，震动四方。不久“乐毅自魏往、邹衍自齐往、剧辛自赵往，士争趋燕”，燕国成了群贤聚集、智星灿烂的“人才高地”。二十八年后，燕以乐毅为上将军，率兵攻下齐国七十余城，破齐都城临淄。燕昭王在位的三十二年，是燕国最强盛的时期。燕一跃成为战国七雄之一。

诸葛亮以诚待兵深得军心

三国时期，征战连年。有一回，蜀、魏两军于祁山对峙，诸葛亮所率领的蜀军只有十多万，而魏国的司马懿却率有精兵三十余万。

两军交锋时，蜀军原本就势单力薄，偏偏在这紧急关头，军中又有一万人因兵期将到，必须退役还乡，一下子少了许多兵力，对蜀军来说无疑是雪上加霜。服役期满的老兵也都归心似箭，忧心大战将即，可能有家归不得。两相权衡之下，将士们向诸葛亮建议，让老兵延长服役一个月，待大战结束后再还乡。

这似乎是最好的办法了，但是诸葛亮断然地否决道：“治国治军必须以信为本，老兵们已为国鞠躬尽瘁，家中父母妻儿望眼欲穿，我怎能因为一时的需要而失信于军、失信于民呢？”于是下令所有服役期满的老兵速速返乡。

老兵们接获消息，感动不已，个个热泪盈眶，想到如果自己就这么走了，岂不是弃同胞和家国于不顾？丞相有恩，军民也当有义，此时正是用人之际，于是，老兵们决定上下一心，打赢最后一场仗再走。

诸葛亮的诚意也打动了其他在役的士兵，大家士气高昂，奋勇杀敌，抱着必胜的决心，在诸葛亮的领导下势如破竹，赢得了这场战争的胜利。

君臣之间要信任

【原文】

夫上之不信于下，必以为下无可信。若必不无可信，则上亦有可疑矣。

——《贞观政要·政体》

【译文】

上级不信任下级，必定以为下级不可信。如果下级不可信，那么上级也有可疑之处。

守信立诚

没有信任，所有管理措施都不会产生实效，甚至会产生副作用。下属会认为管理者的措施是不真诚的，是玩弄权术。但是，光有信任缺少监督也不行，从某种程度来说，信任意味着失控。

当然，如果一个管理者只会监督别人，让别人觉得你对他没有一点信任的话，那么这个监督实际上最后也要失效。所以管理者一方面要学会信任；另一方面，也要懂得监督。不要让员工滥用信任，这是作为管理者必须完成的一个任务。

那么怎样才能够做到有效监督呢？第一点，不要监督得太多，也就是说只去监督和控制最重要的环节。如果我们去监督控制过多的东西，反倒最后会把最应该监督的东西给落掉。第二点，从监督的方法上来看，要抽查而不一定要逐一地检查。因为逐一地检查意味着要花大量的时间，同时也意味着我们对员工的不信任，而抽查能起到很好的监督作用。第三点，监督的目的是为了预防错误的发生，是为了让事情按照我们的意愿去发展，而不是事后的校正。做到了这三点才能将管理工作做到位。

家风故事

刘秀用人不疑

“主明则谗言消，主疑则媚言生。”如果执政者心明眼亮，对所用之人充分信任，那么谗言便无机可乘，就会自行消亡；而如果执政者生性多疑，那么谗言便会乘虚而入，使执政者在不知不觉中受到蛊惑，于是谗毁由此可以得逞。

冯异是刘秀手下的一员大将。自从归顺刘秀以后，冯异北破匈奴，屡次立下战功。东汉建立以后，建武二年（公元 26 年），冯异又被派往关中地区，平定那里的诸武装集团，抵御割据四川的公孙述的进犯。

冯异知道自己久在外藩，又屡建战功，担心遭到小人的谗言诋毁，于是他上书朝廷，要求回到皇帝身边。刘秀早就知道了冯异的心思，没有批准他的要求。这时，正巧有人给刘秀上了一道奏章，述说冯异在关中独断专行之事，说他斩杀了长安令，位高权重，百姓归心，有“咸阳王”之称。刘秀便打算用这个奏章来消除冯异的疑虑。他于是派使者西行入关，面见冯异，并且将他人给刘秀上的这个奏章给他看。

冯异看到这个奏章，吓坏了，赶忙向刘秀上书解释。刘秀见到了冯异的奏章，也马上回了一封敕书，态度十分明确，他说：“将军和我的关系，义为君臣，恩犹父子。我对你何曾有嫌有疑，怎么使你怕成这样？”

后来，刘秀又利用冯异回京师朝见的机会，指着他对公卿大臣说：“这是我起兵时的主簿，曾为我披荆斩棘，平定关中。”接着，他还赏给了冯异许多珍宝、衣服、钱帛。十多天后，依然命令他带着妻子西还关中。刘秀的这些措施，完全打消了冯异的疑虑，使他安心西还，继续为刘秀建功立业。

政令信者国当强

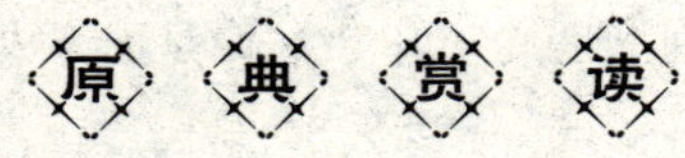

【原文】

政令信者强，政令不信者弱。

——《荀子·议兵》

【译文】

政令诚信的国家就强大，失信的国家就弱小。

守信立诚

“政令信者强，政令不信者弱。”作为一个出色的管理者，一定要对荀子的这句话铭刻在心。俗话说，“不以规矩，无以成方圆”，这个规矩，实质就是做事的“规范”，就是规章制度。既然立了规矩，就必须严格执行，也就是要“有法必依，执法必严，违法必究”。如果立了规矩，又不去认真执行，那么这些“规矩”就只能是“一纸空文”，就没有什么信用可言，而这样是根本不可能做成什么大事的。

同样，如果管理者不能够做到令行禁止的话，那么必将失去下属的信赖，一旦失信于员工，要重塑权威是一件非常困难的事。所以，管理者必须做到令出即行，赏罚分明，这样才能使团队内秩序井然，调动起员工的积极性。这个道理人人都懂，但执行起来，碍于人情等各种原因，有的企业管理者免不了朝令夕改，这样就将失去下属的信任，从而造成不良的后果。

家风故事

隋文帝重法轻子

隋文帝杨坚是隋朝的开国皇帝，他耳闻目睹前朝各种枉法乱国的事例，所以极为注重依法治国，以俭治家，倡导在法律面前，谁也不能特殊，就是对自己的子女和皇亲国戚，也从不放纵。他曾三令五申，法律是天下人的法律，人人都应该严格执行。

杨坚的三儿子杨俊自幼聪明过人，勇猛善战，而且通晓兵法，在建立隋朝的频繁争战中，屡立战功，朝野内外，声名大振，所以深受隋文帝的赏识和宠爱。

因此，杨俊自以为天下第一，居功自傲，越来越放肆。杨俊在自己的封地并州为所欲为，欺男霸女，夺财占田，他到处放高利贷，用获取的厚利花天酒地，整天吃喝玩乐，奢侈无度。封地里的老百姓虽然怨声载道，但由于杨俊是皇子，位高权重，也只能忍气吞声。

后来，隋文帝得知三儿子违法乱纪的事情，非常生气，马上命令监察专使前去调查核实。但是监察专使畏惧秦王的淫威，心想：杨俊再怎么也是三太子，得罪他不也等于得罪了皇帝吗？于是，到并州后只是大事化小，小事化了，惩办了几个杨俊手下的走狗，便回朝复命去了。监察专使向隋文帝汇报说，杨俊并没做什么大的错事，只是年纪轻，阅历浅，受了某些人的迷惑，责任并不在他，并且罗列了一些鸡毛蒜皮的小事，帮杨俊遮掩。隋文帝信以为真，对此事也就不再追问了。

从此以后，杨俊更加蛮横放肆，胡作非为了。他想，连皇帝的监察专使都为他说话，其他人更是“小菜”一碟了。于是，他无视朝廷法律，任意欺压百姓，挥霍国家库银，为自己建立了富丽堂皇的宫室，四处收罗美女，纵情淫乐，整日声色犬马，弄得民怨鼎沸，也激起了他周围人的嫉恨。杨俊有位小妾姓崔，在杨俊吃的瓜中下了毒，但是很不巧，因为毒量不够，杨俊只是中毒而没能致命。这些事又传到了隋文帝的耳朵里，龙颜大怒，他立即下诏命令杨俊回京，并亲自责问杨俊的所作所为。当了解到自己这位最宠爱的儿子已经触犯了法律，隋文帝马上下令，撤掉杨俊的官职，并责令他待在王府中闭门思过，反省错误。

正在此时，有个叫刘开的左武卫将军，为了巴结三太子，也想讨好皇帝，特意在隋文帝面前为杨俊开脱说：“秦王曾南征北战，功勋卓著。这次用些钱财，盖点宫室，纳些美妾，这只是小事一桩。我看陛下还是宽容了他吧。”听到这些话，隋文帝严厉地瞪了他一眼，坚定地说：“法律由朝廷制定，天下人皆应遵守，对谁都不该例外。”说完隋文帝便拂袖而去。

刘开碰了个钉子，仍不死心。他心里琢磨，我刘开苦口婆心都是为了你们杨家父子。虽然陛下表面上怒气冲冲，大义灭亲，也许心里会感激我，嘉奖我的一片忠心呢！于是，他又去找开国老臣杨素，请杨素出面劝导隋文帝。在刘开的再三鼓动下，杨素借上朝的机会，私下劝隋文帝说：“秦王虽有一些过错，但完全解除他的职务，未免有些过重了吧？请陛下是否再重新考虑一下先前的处分。”听杨素这么不讲原则，隋文帝很不高兴，便说：“国家的法律是我们当初共同制定的，大家都赞同法律面前要一视同仁，依法执法要不分贵贱。现在我儿子犯了法，你们又都来说情，难道我仅仅是五个儿子的父亲，而不是统治万民的皇帝吗？都像你们这样，还得另外再制定一部法律了！”

尽管先后有几个人出面为杨俊说情，但隋文帝坚持执法必严的原则，没有减轻对三太子的处罚。这件事对朝野内外震动很大。文武大臣和老百姓都很钦佩隋文帝这种执法无私的精神，连那些平时不够检点，轻法放肆的人都大为收敛，不敢胡作非为了。

有法必依，执法必严，违法必究，无论对谁都不例外，这正是法律威严的原因所在。

选贤任信聚忠良

【原文】

子曰：举直错诸枉，则民服；举枉错诸直，则民不服。

——《论语·为政》

【译文】

孔子说：推举任用正直的人，废置邪僻罔曲之人，那么老百姓就服从管理；推举任用邪曲之人，废置正直的人，那么老百姓就不服从管理。

守信立诚

面对国君如何进行管理才能服人的提问，孔子告诉我们要尽可能提拔正派的人。

我国古代著名兵书《三略·下略》中也曾有过相近的论述：“贤臣内则邪臣外，邪臣内则贤臣毙。”意思是说，贤臣得到任用，那么邪恶之臣就会被排斥在外；邪恶之臣得到任用，那么贤臣就会被处死。刘安《淮南子·说林训》中有：“马先驯而后求良，人先信而后求能”之言。诸葛亮也曾上书刘禅说：“亲贤臣，远小人。”这些都是对孔子用人思想的继承与发扬，同时都说明了“选贤任信”对管理者的重要性。

一个人的才能很容易发现，但忠诚的品格却需要长久的考验才能肯定。管理者往往犯“蔽于才而遗于德”的毛病，选拔人才时过分看重才能，甚至会被对方的才能所蒙蔽而忽视忠诚。只是单纯强调能力，这是不可取的。

司马光曾提出“用小人不如用愚人”，这一点在今天看来虽然有失偏颇，但是却给管理者敲响了警钟，那就是小人千万用不得。对于能力不足的员工，企业可以慢慢培养，但是管理者却不能够冒风险接受一个不忠诚的人，以免给自己埋下一颗隐形炸弹。

当然，我们也不能从一个极端走向另一个极端，员工的才能也是不能轻视的。不可否认，员工的能力是企业的第一需要，能力可以为企业创造效益，促进企业的发展。所以管理者要广纳贤才，让那些能力出众、卓尔不凡的精英员工为我所用。

家风故事

秦孝公诚信用卫鞅

公元前361年，秦国21岁的年轻君主孝公在都城雍州即位执政。这时，齐、楚、魏、燕、韩、赵六国，都很强大，唯独秦国地处偏远，经济落后，政治上也没有什么地位。秦孝公感到迫切需要有一番作为，说："谁要能献出妙计，使国家迅速强大起来，那就照他说的办!"

一天，一个年轻人风尘仆仆地来到秦国，求见孝公，他就是卫国的公孙鞅。孝公先后三次接待了他，两人谈得十分投机。

公孙鞅说："如果要使国家强大，就不能沿用老办法；如果要使百姓得到实惠，就不能保留旧体制。"

秦孝公说："太对了，快说说你的具体办法吧!"

公孙鞅说："变法可以分两步走。第一步要实行四条办法：一要奖励耕织，惩办倒买倒卖；二要奖励军功，反对打架斗殴；三要把百姓组织成有序单位，稳定社会秩序；四要限制贵族的特权，不立新功就不能享有崇高的社会地位。"秦孝公说："真是好主意! 那第二步是什么呢?"公孙鞅接着说："第二步要实行三条：废井田开阡陌；统一度量衡；将全国统一设置成31个县。另外，还要鼓励父亲和成年的儿子以及兄弟分家而居。"秦孝公听完，兴奋得忘了自己的身份，用两膝跪行到公孙鞅的座席前说："真是好极了! 我让你当左庶长，主持这场变法!"

公孙鞅的变法主张，虽得到孝公的赞赏和支持，却遭到守旧贵族的激烈反对，甚至连太子也犯了法。公孙鞅奏告秦孝公说：“法之不行，自上犯之，变法的阻力，往往来自高高在上的那些养尊处优的人们。太子犯了法，是由于他的老师没有引导好，必须处罚太子的师傅!”秦孝公说：“照你制定的条例办。”于是，就在太子的两位老师的脸上，刺下“犯法”两个字。另有一名贵族，名叫公子虔，公然反对废井田，开阡陌，放高利贷时照样大斗进，小斗出，破坏度量好的新制度。公孙鞅又奏告秦孝公，秦孝公再次说：“照你制定的条例办。”于是，公子虔被判处“劓刑”，割掉了鼻子。

公孙鞅不但主持变法，而且向秦孝公请战，亲自带兵攻打魏国，打了大胜仗，占领了魏国在黄河西岸的大片土地，立了一大军功。

秦孝公自从采用了公孙鞅的变法措施以后，国家一天天兴盛起来，在诸侯中，秦国的地位骤然上升。秦孝公感觉到了自己这一代，秦国又富强了，非常满意，当公孙鞅从伐魏前线回来以后，秦孝公就把“於”“商”十五邑，封给了他，号为“商君”，因而后世称公孙鞅就叫商鞅。

正人必先正己

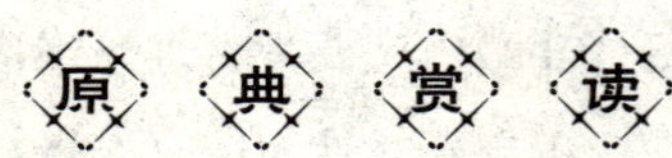

【原文】

子曰：其身正，不令而行；其身不正，虽令不从。

——《论语·子路》

【译文】

孔子说：自身是端正的，不用发号施令老百姓也会自觉去做；

自身是不端正的，即使三令五申老百姓也不会听从。

守信立诚

《荀子·王霸》篇云："故用国者，义立而王，信立而霸，权谋立而亡。"荀子希望通过上行下效的办法推行信德，他说："故上好礼义，尚贤使能，无贪利之心，则下亦将綦辞让，致忠信而谨于臣子矣。"也就是说，只有仁德贤明、以身率众的国君才能统率天下，达到天下大治。

孟子也说："君仁莫不仁，君义莫不义。"只有君先立于仁，才会有尽忠的大夫、讲信义的士以及敦厚本分的百姓。反过来说，一国之中诚信缺失，仁义不行，原因不在倡导不力，而在管理者没有作出模范的表率。

关于"正人先正己"的思想，唐太宗李世民说："若安天下，必须先正其身。"他对统治者的表率作用是这样看的："凡人君之身者，乃百姓之表，一国之的也。表不正，不可求直影；的不明，不可责射中。"意思是说，如果君主不能自己作出榜样，而希望管理好老百姓，这如同"表"歪却要求影子正一样是不可能办到的；如果君主自己不能修持高尚的品德，而要求老百姓去修持，就如同没有"靶子"却要求射中目标一样荒唐可笑。

家风故事

以身作则的曹操

曹操，东汉末年的丞相，后被封为魏王，三国时期著名的政治家、军事家。曹操带兵军纪十分严明，自己也以身作则，带头遵守，因此，他的军队很有战斗力，很快就消灭了多股强大的军阀割据势力，统一了中国北方。

曹操看到中原一带，由于多年战乱，人民四处流散，田地荒芜，就采纳部将的建议，下令让军队的士兵和老百姓实行屯田。很快，荒芜的土地种上了庄稼，收获了大批粮食。有了粮食，老百姓安居乐业了，军队也有了充足的军粮，为进一步统一全国打下了物质基础。看到这一切，大家都很高兴。

可是，有些士兵不懂得爱护庄稼，常有人在庄稼地里乱跑，踩坏庄稼。曹操知道后很生气。他下了一道极其严厉的命令：全军将士，一律不得践踏

庄稼，违令者斩!

将士们都知道曹操一向军令如山，令出必行，令禁必止，绝不姑息宽容。所以此令一下，将士们小心谨慎，唯恐犯了军纪。将士们操练、行军经过庄稼地旁边的时候，总是小心翼翼地通过。有时，将士们看到路旁有倒伏的庄稼，还会过去把它扶起来。

有一次，曹操率领士兵们去打仗。那时候正好是小麦快成熟的季节。曹操骑在马上，望着一望无际的金黄色的麦浪，心里十分高兴。正当曹操骑在马上边走边想问题的时候，突然，从路旁的草丛里蹿出几只野鸡，从曹操的马头上飞过。曹操的马没有防备，被这突如其来的情况吓惊了。它嘶叫着狂奔起来，跑进了附近的麦子地。等到曹操使劲勒住了惊马，地里的麦子已经被踩倒了一大片。

看到眼前的情景，曹操把执法官叫了来，十分认真地对他说：“今天，我的马踩坏了麦田，违犯了军纪，请你按照军法给我治罪吧!”

听了曹操的话，执法官犯了难。按照曹操制定的军纪，踩坏了庄稼，是要治死罪的。可是，曹操是主帅，军纪也是他制定的，怎么能治他的罪呢?

想到这，执法官对曹操说：“丞相，按照古制‘刑不上大夫’，您是不必领罪的。”

“这怎么能行?”曹操说，“如果大夫以上的高官都可以不受法令的约束，那法令还有什么用处?何况这糟蹋了庄稼要治死罪的军令是我下的，如果我自己不执行，怎么能让将士们去执行呢?”

“这……”执法官迟疑了一下，又说，“丞相，您的马是受到惊吓才冲入麦田的，并不是您有意违犯军纪踩坏庄稼的，我看还是免于处罚吧!”

“不!你的理不通。军令就是军令，不能分什么有意无意，如果大家违犯了军纪，都去找一些理由来免于处罚，那军令不就成了一纸空文了吗?军纪人人都得遵守，我怎么能例外呢?”

执法官头上冒出了汗，他想了想又说：“丞相，您是全军的主帅，如果按军令从事，那谁来指挥打仗呢?再说，朝廷不能没有丞相，老百姓也不能没有您呐!”

众将官见执法官这样说，也纷纷上前哀求，请曹操不要处罚自己。

曹操见大家求情，沉思了一会儿说：“我是主帅，治死罪是不适宜。不过，不治死罪，也要治罪，那就用我的头发来代替我的首级吧!”说完他拔出了宝剑，割下了自己的一把头发。

古人云：“身体发肤，受之父母。”割发也是很重的惩罚。曹操割发代首，严于律己，实属难能可贵。要正人，先正己，自己以身作则才能约束他人。

第六章

商业之本：诚信才能生德业

诚信是金融业的根本要求，是金融道德的核心价值。尽管有些行业也同样强调诚信，但金融业对诚信的推崇尤为突出。因为金融业的主要功能是融通货币，货币乃是一种特殊的商品，在金融融资过程中，如果没有诚信的基础与中介，就截断了货币之源，也就等于切断了金融业的命脉。因此，将“诚信”确立为金融道德原则，这是由金融业本身的性质决定的。

诚信才能生德业

【原文】

君子进德修业。忠信，所以进德也。

——《周易·乾·文言》

【译文】

君子增进美德，提高业务，讲求忠信，用以增进美德。

守信立诚

对于企业而言，诚信就是财富，它可以在相当大的程度上决定企业的发展前途。

在美国，一些世界“重量级”的大企业因为诚信问题走到了生命的尽头。比如安然能源公司倒闭、安达信公司解体、世界通信公司破产，等等。

在中国，不讲诚信的结局，尽管不像美国严重，但是同样难以重塑形象。比如冠生园月饼事件、三鹿事件、双汇瘦肉精事件、达芬奇家具事件，等等。

中国古代思想家对商业诚信，历来都提到一个至高的地位。管子主张“是故非诚贾，不得食于贾”。用今天的话来说就是，要做生意首先必须诚信，否则就不允许入这一行，这相当于今天的“市场准入”。

荀子则更重视诚信经商的社会意义。他认为，商业诚信对于生产和生活影响极大，它会促进货物的流通，更好地满足人民的物质需求。“商贾敦悫无诈，则商旅安，货财通，而国求给矣。”

在历代王朝中，正是因为把诚信经商提升到国家治理的层面加以重视，所以出了以著名的晋商、徽商为群体的众多诚信商家，也出了很多诚信品牌。比如北京全聚德、北京同仁堂、瑞蚨祥、荣宝斋，等等。至今在繁华的北京，还能经常看到这些老字号的店里，挂有“童叟无欺、老少咸宜”之类的招牌，让人切实感受到传统诚信美德源远流长的生命力。

从本质上来说，市场经济就是“诚信经济”。毫无疑问，加强诚信建设，已成为中国企业未来发展的新命题。

家风故事

诚信企业人人帮

声宝董事长陈茂榜，他在 50 年前以 100 元钱与三弟陈阿海一起创业，如今拥有员工 500 人，年营业额 88 亿元。他经营企业成功的诀窍只有两个字，那就是“诚信”。

他 24 岁时以 100 多元开了一家电器行，由于资金不足，陈茂榜只好以 50 元为一单位，分别交给两家电器中盘作为保证金，然后向他们提货来卖。

由于这两家中盘商都很信任陈茂榜，所以那 50 元的保证金，只不过是一种形式而已，其实陈茂榜向他们所提的货高达 500 元左右——保证金的 10 倍。

对于中盘商特别的宽容与关照，陈茂榜以实际行动回报，一切来往本本分分，老老实实，把该汇的钱弄得一清二楚，绝不含糊。

如此交往了一段时间之后，陈茂榜取得了中盘商的信赖，因此不论他提多少货，他们都毫不犹豫地答应。从此他的生意愈做愈大。

陈茂榜说：“这件事给我很大的启示，使我深深了解到，在商场上，信用实在太重要了。”

曾经有一度，陈茂榜亲自上电视为声宝的产品做广告，为这件事，很多人百思不解。

陈茂榜严肃地回答：“我不是为自己的产品宣传，而是为它做保证。”这又是“诚信”经营哲学的具体表现。

有一次，他参加一个工商座谈会，电视予以转播，他讲到一半，假牙突然松动了，他毫不犹豫地取下假牙，继续讲完。

他这种不在乎形象的做法，反而给观众留下极深刻的印象。其实这就是陈茂榜一贯的理念——亲切、真诚、实在。

陈茂榜说：“真正的学问不一定来自书本，生活中的任何点滴，只要能够带来正面的启发或负面的反省，都是‘货真价实’的智慧。”

诚信无欺不二价

【原文】

诚信无欺，市不豫贾。

——中华俗语

【译文】

诚实守信不欺骗，买卖不先说个谎价。

守信立诚

在中国漫长的封建社会中，工商业发展步履维艰，道路崎岖坎坷。但此间闪耀着智慧之光的商业伦理文化和商德，有不少被载入了史册，在今天仍有现实意义。

“勤”“俭”是最早形成、也是最受重视的传统商德。所谓“持心不苟”“俭约起家”“以忠诚立质”“以勤奋敬业”都是指要以勤俭为本。随着商业的发展，又出现了“价实”“货真”“量足”“守义”等商业道德规范。

“价实”，就是要求商品的价格要合理公道。“市不豫贾”“市不二价”“公市不豫”，都是经商者必须遵循的道德规范，也是商业信誉的标志。

"货真"，就是要求经商者不售假货、劣货。"贾羊豚者不加饰""布帛精粗不中数，幅广狭不中量，不鬻（卖）于市"，都是"货真"的具体规范。要求商贾必须为顾客的利益着想，在买卖中没有欺诈行为，做到"童叟无欺"。

"量足"，就是要求经商者不克扣分量，计量必须准确。"化平铨衡，正斗斛，市无阿枉，百姓悦服"，就是要求量足公道。市场计量准确公道，顾客就会心悦诚服，经商者也会因此受到褒扬和获得美誉。

"守义"，就是要求在经商中信守道义，先义后利，不做亏心的买卖，并做到"一诺千金"。即使不订立书面契约，一语既出就忠守信誉。要遵循"守义"的商业道德规范，就必须贯彻"诚"的原则。"非诚贾不得食于贾"，不是诚实的商人就不能靠商业谋生。

遵守上述商业道德规范的商人，才称得上是"廉贾""诚贾"。廉贾不但可以赢得褒奖和荣誉，而且从长远看，他通过薄利多销还会比贪贾赚得更多的利润，所以有"贪贾三之，廉贾五之"之说。一些廉贾由于经营有方且精明能干，积累了很多财富，于是资助教育和慈善事业，修路造桥，资助家乡的公益事业，被后人传为佳话。

家风故事

韩伯休言不二价

韩康，字伯休，是东汉京兆霸陵人。本是名门望族，世代书香门第。因东汉末年朝廷腐败，政局动荡，他不愿做官，也不愿沽名钓誉，就自食其力，到终南山上去采药，背到长安市上去卖。

韩康对商人的欺诈行为深恶痛绝。他卖的药，都是地地道道的真货，从不掺假作伪。在市场上，有人来问药价，他从不撒谎，值多少钱，就要多少钱。这样，时间久了，居然也创出了牌子，妇孺皆知韩伯休卖药，言不二价，童叟无欺。长安人要抓好药，都愿意到韩康这儿来买。有时候大人不方便，就打发小孩来买。

斗转星移，时光飞逝，三十年岁月转眼就过去了。韩康栉风沐雨，翻山越岭，踏遍终南山、太白山、华山等名山。在人迹罕至的绝壁上采来奇花，从枯松倒挂的悬崖上摘来异草，深入岩洞石穴，爬上参天古树，找到医治人间疾病的各种珍贵药材。在回归大自然的过程中，韩康也练就了一身强健的筋骨，登山攀岩，如履平地。后来，出现在长安市场上的，已不再是那个年轻力壮的小伙子，而是一位鹤发披肩、银须垂胸的老头了，但依然面色红润，目光炯炯。

有一天，市场上来了一个女子，见韩康的药又好又便宜，就蹲下来挑选了几味贵重药材，抬起头问韩康：

“老人家，这些药要多少钱?”

“二两银子。”韩康说着，伸出两个手指。

“一两半，卖给我吧。”

“二两。”

“我是从外地来的，给我妈妈治病。你就不能便宜点卖给我吗？一两八钱，怎么样?”

“二两。”

“少一点吧！别人卖东西，都可以讲价钱。”

“那你到别人那儿去买好了。”

这名女子生气地走了。可是过了一会儿，又转了回来，原来别处的药都不如韩康的好，价钱也比这儿贵得多。

“回来了？这回该买我的药了吧?”

“再便宜一点，我就买。”

“不行!”

“你这个老头儿，怎么言不二价呢？难道你是韩伯休不成?”女子生气了，脱口而出。

韩康长叹一声说：“我本来想逃避出名，才采药卖药。现在连小女孩都知道我的名了，我还卖药干什么呢?”于是扔下了药，逃到霸陵山里躲了起来。

可是韩康还是出了名，有人向皇帝报告了他的事迹。汉桓帝几次派人去征召韩康，连续用博士公车去聘请，韩康都推辞了。于是，汉桓帝就安排了极为隆重的礼仪，派了一辆专车去接韩康。韩康只得答应去京城洛阳，但拒绝乘坐皇帝派去的专车，自己乘坐拉柴草的牛车，大清早就出发了。到了一个小城镇。这里的亭长刚接到上级通知，说韩征君要路过这儿，让地方官员修桥补路，可是仓促间又缺少牛马劳力。亭长一看，天没亮就来了一辆牛车，上面坐着一个头裹白手巾的老汉，以为是农民，就吩咐手下的人去抢他的牛。韩康卸下牛，让他们牵走了。过了一会儿，皇帝派的使者赶到了这个小城镇，认出了被抢走了牛的老汉正是韩康。亭长吓得跪地求饶，使者声言要奏明皇上斩首。韩康说：“这牛是我给他使唤的，亭长有什么罪呢？”使者陪韩康又出发了。走到半路，韩康又溜进了深山。

言不二价，作风诚实，不图虚名，不贪高官，这大概就是韩康得以名垂青史的原因吧。

恪守信约不欺客

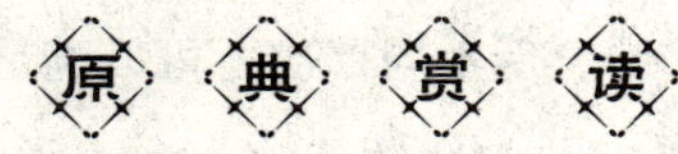

【原文】

布帛精粗不中数，幅广狭不中量，不粥于市。

——《礼记·王制》

【译文】

布帛如果精粗不合标准，幅宽不够，就不能拿到市场上去卖。

守信立诚

诚信既是我国传统道德文化的核心理念，又是现代经济生活中视为宪章的信条。恪守信约便是诚信道德的具体实践。从效率的角度来看，整个市场经济实际上是由诚信原则支撑着，一旦失去了信用，现代商品经济将受到巨大冲击。从和谐的角度来看，诚信原则有助于维系健全文明的社会，如果诚信原则被腐蚀，将会直接危及人类的基本价值系统，进而瓦解社会组织。所以，我们弘扬诚信原则，一方面是继承中国优秀道德文化，同时，也是市场经济与现代化的内在要求。诚信原则的实施，有助于我国社会主义市场经济尤其是金融市场的健全发展。

家风故事

诚信为本，奉献精品

享誉百年的京城老字号“张一元”一直秉承着“诚信为本”的经营理念，多年来在全国茶叶销售中名列前茅。同时，更以其对茶叶品质的高度重视树立了茶叶行当里的一面大旗，成为行业内部的标尺。张一元茶叶有限责任公司董事长、总经理王秀兰女士强调：“张一元”为了奉献给消费者高品质、高内质的茶叶精品，严把质量关，不仅对茶叶的产地环境、采摘及制作环节进行严格的规范化管理，更自觉对出售的数百种茶叶进行公害检测，保证不让劣质产品流入市场。“张一元”举办绿茶节以贴近百姓生活为宗旨，立足于百姓、服务于百姓，体现大众性，让全国的百姓喝上真正的好绿茶。绿茶节推出的绿茶分高、中、低不同档次，可以满足不同消费水平的顾客需求。正是这种讲求“诚信”的经营传统，为“张一元”换来了很高的社会信誉。

胡雪岩宁可破产绝不弃信

胡雪岩认为“做人总要讲宗旨，讲信用”。胡雪岩是这样说的，也是这样做的。胡雪岩在自己的丝业公司将要倒闭之时，仍然十分地讲信义，宁可自己损失利益，仍然坚守诚信，维护蚕农利益，不甘做外商洋行的附庸，始终坚持与洋人“斗法”。

在胡雪岩的生意达到巅峰状态时，他的生丝生意专营出口，几乎垄断了晚清时期的国际贸易市场。1882年，胡雪岩为了最大限度地垄断蚕丝行业，垫付资本两千余万两，套购生丝一万四千包，使洋人“欲买一斤一两而莫得”。洋商与洋行为了控制中国蚕丝业，联合起来报复胡雪岩的招数很凶狠。他们已经看出上海的经济情况已经逐步开始走向萧条，而胡雪岩用于收购蚕丝垫付资本太多，必将导致资金周转不灵，同时胡雪岩此时要应付的方面又太多，比如要按约定偿还外国银行的贷款，要为左宗棠购置军火等。因此，洋人们冲着胡雪岩发誓“今年不贩生丝出口”，紧接着向胡雪岩催收贷款，使胡雪岩一下子陷入危机之中。

不过胡雪岩此时还有一条路可以进行自救，他可以向上海地区已有的三家新式机器缫丝厂出售蚕茧。当时外国新式机器缫丝已经传入中国，浙江、江苏一带出现了好几家机器缫丝厂。机器缫丝技术的引进对于以用传统手工缫丝的养蚕做丝人家冲击很大，一经推广，江南地区必将有大批以做丝为生的人家破产。

经过十数年的苦心经营，此时的胡雪岩实际上已经是丝业的老大，为了抵制机器缫丝，维护江南蚕农利益，这几年他大量收购蚕茧，以切断机器缫丝的原料来源。由于他大规模的囤积蚕茧，已经使上海地区三家机器缫丝厂由于没有原料，面临停产倒闭。

商人图利，胡雪岩的蚕茧囤积居奇，这个时候如果答应蚕丝出手给缫丝厂，自然可以卖出一个相当好的价钱，可以部分解决眼前的资金危机。而且，机器缫丝厂出丝快，质量好，向洋商找买主也容易。如此看来，出售蚕茧给缫丝厂，还可以带动生丝生意。正因如此，此时胡雪岩的生意伙伴、好朋友古应春、宓本常为胡雪岩利益着想，也劝胡雪岩考虑出售蚕茧。但胡雪岩就是不愿意出售蚕茧。

胡雪岩并不是不知道此时出现的危机可能带给他的严重后果，也并不是不知道机器缫丝质量和产量确实都优于土法缫丝。他这样做最根本的原因，是为了讲诚信，不违背自己的诺言。

他作为丝业领头人物，曾与那些丝户达成过协议，由他到蚕农手中收购蚕茧，交由丝户缫丝，丝户则必须将生丝交由他来经营。由此既抵制了丝厂来抢做丝人家的饭碗，保护了蚕农的利益，他自己也有了稳定的货源可以控制洋庄市场。既然自己已经作出了承诺，就要守信用。即使自己陷入困境要损失巨大的经济利益之时，也不能做这种背信弃义之事。否则，那些丝户将因为自己的不守信用而受到严重的损失，自己也将信誉扫地。

胡雪岩当时讲的那段话就是："做人总要讲宗旨，要讲信用，说一句算一句。我既然答应过不准新式缫丝厂来抢乡下养茧做丝人家的饭碗，我就不能卖茧子给他们。"胡雪岩宁可损失利益也绝不放弃信用的行为，是中国商人的榜样。

以诚信取才立业

【原文】

修辞立其诚，所以居业也。

——《周易·乾·文言》

【译文】

君子以诚信取才立业，利从信中来。

守信立诚

学习"仁""义""信"的大"道"，只有"大道"学好了，国家才能治理好，百姓才能从远方赶来归顺。为政是这个道理，经商也是如此。商人如果做到了诚信经商，树立起良好的信誉和品牌，那么客户自然会纷至沓来，生意自然会发展得如日中天。

然而切实履行诚信大道，让信誉永驻并不是一件容易的事，心存一点侥幸心理、一次疏忽，辛苦经营几年甚至几十年的信誉就可能毁于一旦。正所谓“千里之堤，溃于蚁穴”，信誉的树立需要长时间的努力，而犯一次错误就可以让信誉瞬间倒塌。所以，商人们一定要坚守住为商之道，不要在一时的眼前利益与诱惑面前屈服。

家风故事

鲁冠球靠信誉起家

鲁冠球是杭州万向节总厂厂长，曾先后荣获“全国十佳农民企业家”、第二届“全国优秀企业家”称号，并荣获首届“中国经济改革人才金杯奖”。他所领导的杭州万向节总厂，由 7 人小厂起家，发展成为集农、工、贸于一体，年赢利 1000 万元的集团企业，1990 年被评为乡镇企业独占鳌头的国家一级企业。

有人问鲁冠球，你厂生产的“钱潮”牌万向节为啥那么畅销？

他不假思索地回答：“靠质量，靠信誉！”

万向节是汽车的重要配件。鲁冠球工厂生产的“钱潮”牌万向节非常走俏，订货的用户源源不断，全厂职工乐不可支。

一天，安徽芜湖寄来一封退货信，说有些万向节出现裂纹。鲁冠球心急如焚，把办公桌拍得啪啪响。他气愤地对供销人员大叫：“快把合格品送去，把那些次品换回来，快去，快去!”供销员走后，他左思右想，如坐针毡。

“次品芜湖有，湖北、四川、济南有没有呢?”他当机立断，马上派人，分赴各地用户，把那些不合格的产品统统退回来……

几天后，万向节次品运回来了，堆在仓库里像个小山包，他召集全厂职工，严肃地说：“咱厂生产出这些次品不仅是对‘钱潮’牌万向节信誉的损害，更是对国家，对人民的犯罪! 我作为一厂之长，有不可推卸的责任。从今天起，我们立个规矩，对那些只能‘将就’的产品，一律按废品处理。”说完，他下令把 3 万套万向节运往废品收购站。有些老工人对鲁冠球说：“鲁厂长，这些产品再维修一下总好用吧。”也有人说：“这值几十万元钱

呢，我们几百年也赚不了那么多呀!”

鲁冠球理解乡镇企业农家人。他们清早起来挑一担白菜、萝卜进城去卖，为了多赚一二分钱，往往与城里人讨价还价，争个面红耳赤。他耐心开导工人们：“我们现在是办企业，不是到集市上卖青萝卜。为了贪小便宜，在好菜里裹棵烂菜，用绳一捆，只要钱到手，哪管别人骂娘，反正第二天谁也不认识谁。眼下全国有50多家万向节厂在竞争，真要立住脚，靠的是质量，信誉。”

由于鲁冠球对产品质量要求高、严，工厂的产量、利润一度下降了。不要说奖金没了，就是工人工资也有六个月没发。但是他们建立了对国家的责任心和对用户讲信誉的思想。因为讲质量，讲信誉，“钱潮”牌万向节不仅享誉国内，而且走进了国际市场。

以诚招客积信誉

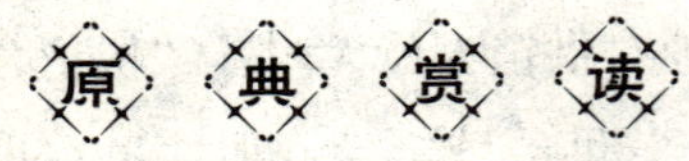

【原文】

诚招天下客，誉从信中来。

——中华俗语

【译文】

以诚实守信的态度对待各方的来客，信誉就会从讲信用中得来。

守信立诚

与人约定或答应人家的事，必须照办，决不能失信。因为，信誉是为人之本，有了信誉，任何事情都好办。如果言而无信，也就失去了信誉，失去了做人之本。因此，做人必须重信誉，重信誉就要言出必行，这也就要求做人说话要慎重，凡与人约定或答应人家的事，必须是可能做到和必须要做的事。

办企业做生意，经营之道也是如此。赢得顾客的心，保持良好的信誉，是企业能竞争制胜的根本之道。美国麦当劳快餐连锁店的创始人雷·克民克说过一句话："把顾客放在第一位，钱就会滚滚而来。"许多精明的企业家都信奉"巧诈不如拙诚"的原则，有时宁可牺牲眼前的利益，也要保持信誉，决不弄虚作假，失去顾客的信任。

俗语说："百金买名，千金买誉。"表明信誉比知名度还宝贵。信誉需要花大力气才能形成。企业信誉作为一种无形资产，在某种程度上来说，比人、财、物等有形资本显得更为珍贵重要。信誉是企业经营之本，市场竞争的残酷现实迫使企业管理者懂得了"顾客就是上帝"这一真理，并成为自己的经营信条。

家风故事

曾宪梓金牌得信赖

曾宪梓，金利来（远东）有限公司的老板，广东梅县人。

1968年，他带着7000元港币积蓄和一家6口人返回香港，开始了创业的奋斗历程。

曾宪梓把租来居住的小屋腾出一部分当做工厂，动手缝制低档领带，经营方针是以廉价求发展，每打领带的成本是38元，他把批发价定为52元，一条领带赚不到20港元。当时他心想，便宜一定会有销路，利润也会积少成多，谁知，事与愿违，买主狠劲压价，产品脱手很难。

低档领带没有销路，他又转向高档。他买来4条外国高级领带，从用料、款式到制作过程都逐一研究。随即仿制了4条，一并交给行家鉴别，结果8条领带分不出真假高低来。曾宪梓欣喜万分，激动不已，认为发财的机会来了，他四处借钱，大批生产，结果又劈头泼来一盆凉水：商店不相信小作坊的产品质量，不相信杂牌会有销路，他们不肯进货。

曾宪梓牙一咬，心一横，便把领带寄存在旺角的一家百货公司里，讲明不赚一分钱，条件是放在显眼的位置，让顾客任意挑选。苍天有眼，工夫不负有心人，这一招灵验了。曾宪梓的领带质量被消费者认可了，款式、图案恰好与流行的步调相一致，销路非常好，有一抢而空之势。各家商店都纷纷找上门来订货。

吃一堑，长一智，曾宪梓明白自己的优质领带一开始所以被拒绝，是因为没有一个好的牌子和商标。尽管现在有了销路，但每打价格只有 45 港元，今后要扩大销路，占领市场，提高售价，非得要有一个叫得响的牌子和独具魅力的商标不可。他自己设计了好几种标牌，但都不满意。后来，他想到了“金狮”，它的英文字母是“Goldlion”，而后面的“lion”正好与广东话的“利来”谐音，“利来”在香港是一个好口彩，人听人爱，他就决定用“金利来”，后来还把它称之为自己的“得意杰作”。

标牌定下来了，他便在香港注册成立金利来 (远东) 有限公司。好标牌带来好效益，第二年就使每打领带的价格上升到 100 多港元。他在九龙土瓜湾建立了具有相当规模的工厂。到 1974 年，“金利来”保持 30%的年利润增长率。

“金利来”从此顺理成章、当仁不让地占领了香港名牌货的头位，雄踞港台及东南亚各国的销售首位。也因“设计快、制作快、投产快、上架快”而远销 40 多个国家和地区，年营业额突破 2 亿港元。“金利来”每年用 100 万港元的广告费让“金利来领带——男人的世界”去感染全球，致使白皮肤男士也义务传播。

创业艰难百战多，曾宪梓创建成“金利来”领带的大厦，也颇费艰辛曲折。但他毕竟是有经营头脑、有高智慧的人士，创建之初，能吃点小亏而打开窘迫的困境，换来顾客和商家的信赖，为以后事业的突飞猛进、蒸蒸日上打下了坚实的基础。

君子爱财，取之有道

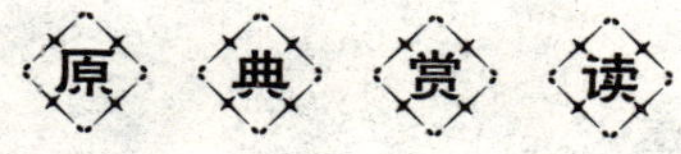

【原文】

子曰：君子爱财，取之有道。

——《增广贤文》

【译文】

孔子说：君子喜欢用正确的方法获得财物，而不要不义之财。

守信立诚

生活中的经验使得“利不害义”的原则在人们的经济生活中得以贯彻，而思想家们不遗余力的鼓吹，则从理性认识上加强了人们“见得思义”“义以见利”的信念。古代思想家们认识到，致富除了选择正当职业、克勤克俭外，还有致富手段的问题。他们认为正当的目的也需要以正当的手段来达到。尽管一个人不能任由自己贫穷，但也不能以利害义，牟取不义之财。社会上许多不正之风，往往源于赚钱手段的不正当。中国古代人反对“唯利是图”，是反对把赚钱看做唯一目的，就是反对把手段当做目的。正当的致富手段应该是自利利人，义利并重，反对损人利己、损公肥私，应以诚实劳动和真正的技能创造财富，实现致富。

至于职业道德，中国古代三教九流行业很多，每一行都有自己独特的行业规范。这些行规是古人对职业道德的最初设定。遵守职业道德首先需要做到诚信无欺，钱财要从正当途径获得。好比医生医德应以仁义为怀，救人为本，不能欺诈，不能勒索，不能医道不精。

当然，古人对职业道德的探讨还不仅仅限于尽职尽责、诚实守信这两条，还有许多具体的行为规范。尽管古代职业与现代职业有很大的不同，但古人积累的这些道德规范既是做人的行为准则，也是致富的必经之道，因而具有跨越时空的意义，值得现代人学习。古人的诚信精神、敬业精神、钻研精神，不仅没有让他们在利益上受到损失，反而使他们既有道，又获利，这无疑是人们致富过程中应该吸取的宝贵遗产。

家风故事

孟信不卖病牛

北魏孝武帝时，赵平太守孟信辞官之后，由于平时没有积蓄，家中十分清苦，以至于连饭也吃不上，家里只有一头老牛。

这天，他侄子把老牛卖了，准备买些柴米。按当时市场的规定，买方应知道卖方的家住在哪里。正当买牛人跟着孟信的侄子来到孟信家的时候，正好被外出归来的孟信碰上。孟信见到了买牛人，才知道老牛被卖掉了。

他当即告诉买牛人：“那是头病牛，一干活病就发作，你就不要买了。”并因此将其侄子打了20杖，以示惩罚。买牛人为孟信诚信的品德感到震惊，连连赞叹，过了一会，又对孟信说：“孟公，我要买你这头病牛，牛病了也不要紧，因为我不需要它出多大的力气。”面对买主的苦苦请求，孟信仍是不依，买牛人只得作罢。

后来才知道，买牛人原来是周文帝帐下的人。周文帝听说此事后，也因孟信诚实敦厚、不贪便宜的高尚品德而深为感慨。

陈尧咨追回烈马

北宋时期，翰林学士陈尧咨很喜欢马，家里养了很多马匹。后来，他买了一匹烈马，这匹烈马脾气暴躁，不能驾驭，而且还踢伤咬伤很多人。

有一天早晨，陈尧咨的父亲走进马厩，没有看到那匹烈马，便向马夫询问。马夫回答说翰林已经把马卖给了一个商人。

陈尧咨的父亲问："那商人把马买去做什么？"

马夫答道："听说是买去运货。"

陈尧咨的父亲又问："翰林告诉商人这是匹烈马了吗？"

马夫说："要是跟那个商人说了，这匹马又咬人又踢人，人家还会买吗？"

陈父很生气地说："真不像话，竟然还敢骗人！"说完就气呼呼地转身走了。

陈父找到儿子就问："你把那匹烈马卖了？"

陈尧咨得意地说："是啊，还卖了个高价呢！"

父亲生气地说："混账东西，你身为朝廷重臣，竟敢骗人。"

陈尧咨说："我又没强迫他买，马是他自己看中的，这哪里是骗他？"

父亲又问："那你为什么不告诉他这是匹烈马呢？"

陈尧咨嘟囔着说："马就站在那里，他已经考察了很久，可是并没有看出这马性子烈，这可不怪我。"

父亲接着说："你手下那么多驯马的高手都管不好那匹马，一个普通商人怎么能养得了它？而且这样一匹烈马怎么能用来运货呢？运输途中出了事故会使得商人财物尽失。你不把事情告诉他，这不明摆着是在欺骗人家吗？"

陈尧咨听后羞愧地说："我知道是我做错了，我这就去把买马的商人找回来。"

于是陈尧咨亲自找到那个买马的商人，说明了原因，把钱退给了买马的人，自己把马牵了回来，一直养到老死。

多交友，少树敌

【原文】

天时不如地利，地利不如人和。

——《孟子·公孙丑下》

【译文】

有利的时机和气候不如有利的地势，有利的地势不如人的齐心协力。

守信立诚

套用一句广告语就是，只有“大家赢，才是真的赢”，如此才能打造和谐商业。

有一句谚语说得好：“朋友千个少，冤家一个多。”多一个朋友总比多一个敌人好。所以，在面对竞争者时，与其利用狡诈的手段，处心积虑地争个鱼死网破，两败俱伤，倒不如互帮互助，精诚合作，获得双赢。

人们常说商场如战场，但商场毕竟不是战场。在战场上，双方处于完全对立的状态，如果不消灭对方就会被对方所消灭。而商场却不一定如此，有时合作要比竞争更有效，因为这样可以优势互补，通过联合的力量获得更多单打独斗所无法得到的利益。另外，除非对手是个软角色，否则在竞争的过程当中，必然会付出巨大的代价和成本。所以，在商场中我们应该多树友、少树敌。

家风故事

胡雪岩不抢同行的“盘中餐”

在商场上，商人时常会因为利益的斗争跟同行之间发生摩擦，一些商人想方设法排挤打压同行，摆出一副“有你就没有我”的架势。而著名徽商胡雪岩则始终奉行着这样一个处世哲学：“多个朋友多条路，多个仇人多堵墙。”

他在与人交往时表现出高超的交际智慧，他总是处处为对方着想，胸襟宽阔，豁达大度，从不计较个人的小怨。当胡雪岩遇到十分棘手的竞争对手时，他总是尽量“只拉弓，不放箭”。比如在面对曾经抢过他军火生意的龚氏父子、刁钻霸道的苏州永兴盛钱庄等竞争对手时，他都坚持同一条原则：给对方留个台阶，给自己留条后路，不要赶尽杀绝。

不抢同行的“盘中餐”是胡雪岩在商场上赢得对手尊重的法宝。胡雪岩认为，不抢同行并不是回避市场竞争，而是要避免过度竞争和恶性竞争。过度竞争只会让自己无意中跟同行结下怨气，就算当时没发生什么，但也不保证什么时候不出乱子，这就无疑给自己埋下了一颗炸弹，隐患无穷。同时如果结怨太多，那么当自己出现经营危机时，不但没有可求助的对象，而且对头还会趁机报复。

在胡雪岩钱庄刚建立时，胡雪岩为了打消老东家信和钱庄的顾虑，他特地声明，自己的钱庄不会挤兑信和钱庄的生意，而是另开门路，这让信和钱庄吃了个定心丸，于是信和钱庄马上转变态度，对胡雪岩表示真心实意地支持，愿意与其合作。胡雪岩的商德立刻在同行之间得到了肯定和认可，使得他在商界如鱼得水，影响力也日益增长。

胡雪岩始终坚持以德报怨、化敌为友，用广阔的胸襟来化解同行之间难免要发生的利益冲突，使得他驰骋商场如鱼得水，游刃有余。

第七章

信守职责：遵守职责严于律己

自古以来，勇于承担责任就是中华民族的优良传统。大禹治水“三过家门而不入”；诸葛亮行事“鞠躬尽瘁、死而后已”；范仲淹挥写“先天下之忧而忧，后天下之乐而乐”；文天祥高歌“人生自古谁无死，留取丹心照汗青”，等等，挺身而出、忠于职守、责为人先是志士仁人代代相传的思想标杆，是华夏子孙生生不息的精神动力。责任重于泰山，一桩桩大大小小的事故的背后就是没有责任心。责任出智慧，责任出力量，责任出勇气，有了责任心，再大的困难都会排除。

鞠躬尽瘁，死而后已

【原文】

鞠躬尽瘁，死而后已。

——《出师表》

【译文】

不辞辛苦，勤勤恳恳，竭尽全力，贡献出全部精神和力量，一直到死为止。

守信立诚

歌德曾经说过："责任就是对自己要求去做的事情有一种爱。"因为这种爱，尽责本身就成了生命意义的一种实现，就能从中获得心灵的满足。

所谓责任，是指个人对自己和他人，对家庭和集体，对国家和社会所负责任的认识、情感和信念，以及与之相应的遵守规范、承担责任和履行义务的自觉态度。责任心与自尊心、自信心、进取心、雄心、恒心、事业心、孝心、关心、慈悲心、同情心、怜悯心、善心相比，是"群心"灿烂中的核心。

责任心以情感为基础。可以想象，一个孩子对父母没有感情，不可能对家庭承担任何责任；一个对社会、对祖国、对人民没有情感的人，当外族入侵、祖国受难之时，他不可能挺身而出，舍生忘死，为国献身。

责任心靠意志来维持。尽责尽心并非听他说得如何动听，而是主要反映在行动之中。不管承担什么样的责任，都离不开坚强意志和坚韧毅力的支撑，只有在克服困难中，在抵制各种诱惑中，才能反映一个人的责任感。

人生一世，没有人能逃脱这样那样的责任，不管是对工作、对家庭，还是对社会。只有富于责任心的人、时时处处尽责的人，才不愧为真正的人。

林肯曾湉湉教导人们：“人所能负的责任，我必能负；人所不能负的责任，我亦能负。如此，才能磨炼自己。”当然，责任的培养并非易事，我们常常需要极大的勇敢、坚强的信念和对人世不衰的热情才能拥有负责的习惯。

家风故事

抗洪英雄高建成

高建成（1965—1998年），湖南湘阴人。他是广州军区空军某高炮团连政治指导员，而且曾经被评为“98抗洪英雄”。

众所周知，长江流域在1998年夏遭遇了历史罕见的特大洪灾。当时，解放军抗洪官兵同洪水开展了一场生死搏斗。正是在这场斗争中，有一大批先进分子涌现出来，其中的突出代表就是高建成。他在人民生命财产遭到威胁的时候，舍生忘死救助遇险群众和战友，用年轻的生命实践了共产党员全心全意为人民服务的宗旨。

高建成于1965年10月出生在湖南湘阴县。他本是一名飞行员，后来因为健康问题调到高炮部队，成为部队中的一名思想政治工作者。1997年10月，高建成来到高炮某团任连指导员，他将自己多年积累的带兵经验融入政治教育的工作中，很快赢得了士兵的心。

1998年8月1日，高建成和战士吃过晚饭之后，如往常一样召开有关抗洪抢险的例会。突然，电话铃声响起，原来是湖北省防总指挥部命令，即“簰洲湾中堡村堤垸发生严重管涌，部队火速赶赴抢险”。

在接到命令后，168名解放军官兵迅速踏上5部大型牵引车，向险堤急驶而去。簰洲湾距武汉市只有120千米，而且这里是长江急转弯处，生活在这里的人民群众大约有5万人。在洪水到来的危急时刻，全体官兵只有一个念头：尽快赶到险段，救民于危难。

车在前行的过程中遇到越来越多的积水，而车的两旁都是等待救援和撤退的人民群众。当他看到人群中一对老夫妇相互搀扶着走动时，他马上将他们扶到车上来。20 时 30 分，当车队距离簰洲湾堤坝只有 100 多米的时候，因为遭到多日洪水的浸泡，在洪水的作用下，大堤已经变得松散，并且轰然决口，落差近 10 米的洪水裹挟着泥沙以排山倒海之势汹涌而来，冲撞着牵引车。在激流中，牵引车已经非常不稳。高建成高声叫道："不要慌！快解背包带，把车连在一起！"在他的指挥下，战士们迅速展开自救与互救。突击队员把脱下的救生衣给不会水的战士穿上。高建成带领战士爬上车顶，解下背包带与前面的一连连长黄顺华带队的车连在一起。由于高建成所在的牵引车已开始倾斜，高建成命令车上的战士和老百姓顺着背包带迅速转移到黄连长的车上，高建成最后一个离开后，车子立即被洪水吞没。

这个时候，看到高建成的脸色在慢慢变青，黄连长已经意识到高建成好几天奋斗在抗洪救灾的第一线，没怎么休息，所以身体极度虚弱，于是马上把救生衣穿在他身上。高建成扭头看见不会水的新兵赵文源正不知所措，便一把脱下救生衣套在他身上，并叫过一个会水的班长说："快带他到树上去！"滔滔激流中，高建成和黄顺华带领战士们将背包带拴在一起，大家向树上转移。

洪水还在不断高涨。高建成一边组织疏散战士，一边不断大声喊着："同志们，大家不要慌，有我和领导们在，我们一定要保住战士的生命，即使是牺牲我们也要保全大家。"就在高建成刚刚说完这句话，一阵洪流涌了过来，高建成被掀入激流之中。在漆黑的夜晚，高建成在激流中飘荡着，因为多日劳累，他已经没有力气了。按照他平时的水性，他完全能够游到旁边的树上求生，然而考虑到水中的战友和群众，他没有这样做，而是继续边游边开始寻找，他喊道："水中有人吗？"突然，身边响起微弱的呻吟声："我是一连的刘楠。"听到这个呻吟声，他马上游到刘楠的身边，告诉他："我是指导员高建成，别慌，跟我来！"他紧紧抓住刘楠的胳膊，然后拖着刘楠游进了树丛。此时，两个人都已经没有多少力气了。他和刘楠在水中时沉时浮。高建成边游边鼓励刘楠："一定要顶住！"正说着，一个浪头打来，高建成借势用肩膀把刘楠顶到树上。刘楠高喊着："指导员，太危险，你也上来吧!”高建成摆了摆手，再次游向激流中寻找落水的战友。

“救救我!”高建成循声游去，原来他抓住的是正在下沉的13班战士何董华的手，高建成拖着他不断游着，终于到了一棵树旁，虽然何董华身体非常虚弱，但是在高建成的猛力推动下，他还是抓住了树枝。就在他回头寻找指导员高建成的时候，高建成已经被洪流裹挟而去。

8月3日中午时分，高建成的遗体在距洪水决口3千米处被打捞上来。为了战友，为了人民群众，高建成献出了自己宝贵的生命。高建成牺牲的这一天，正好是他和妻子最初相识的纪念日。1999年8月1日，烈士所在部队和当地人民群众在武汉九峰山革命烈士陵园隆重地举行了抗洪英雄高建成骨灰安放仪式，以志永远纪念。

高建成在生死关头把生让给他人、把死留给自己的高尚精神和可贵品格让人动容，高建成和他的战友是真正的英雄，是新时期最可爱的人。

爱国是一种职责

【原文】

一身报国有万死，双鬓向人无再青。

——《夜泊水村》

【译文】

为国家效力（征战），虽万死而不辞；双鬓已经斑白，再也无法使它变成黑色。

守信立诚

中华民族是富有爱国光荣传统的伟大民族。千百年来，爱国传统已经深深地融入我们民族的意识、性格和文化之中，成为全国各族人民共同的精神支柱和团结奋斗的旗帜。

爱国，是指对自己祖国的忠诚和热爱。爱国，是“千百年来巩固起来的对自己祖国的一种最深厚的感情”。

爱国主义是一个国家赖以生存、发展的精神支柱。爱国主义精神集中地表现为人们为争取自己祖国的独立富强而英勇献身的奋斗精神。

爱国主义对人们的思想和行为有强烈的影响。人们往往用爱国作为衡量一个人政治觉悟的重要标准，也作为调整个人同国家、民族之间关系的重要道德规范。爱国具有鲜明的时代特征，在社会发展的不同阶段有着不同的内涵。在近现代中国，爱国是同争取民族独立和人民解放、实现国家富强和人民幸福的历史任务以及时代主题紧密联系在一起的。

中国人民的爱国主义虽然在每个阶段都有不同的具体内容，但也有共同的基本内容。这就是：热爱祖国，继承祖国悠久的历史传统，发扬祖国灿烂的文化；建设祖国，开发祖国的自然资源，改造祖国的山山水水，使祖国变得富饶美丽；保卫祖国，维护祖国的主权、独立和领土完整，反对外敌入侵，捍卫祖国的统一；搞好各民族之间的联合和团结，反对民族的分裂和国家的分裂。

一腔匡世济民的爱国情愫和报国热血，是一切有为的中华儿女的力量源泉。这样的爱国精神代代相传，使中华民族根深叶茂，能够抵御任何狂风暴雨。

家风故事

爱国诗人屈原

荆楚大地云蒸霞蔚的秀丽山川，哺育了一位怀瑾握瑜、争辉日月的浪漫主义诗人——屈原。

屈原是楚国的同姓贵族，楚武王熊通之子屈瑕的后代。楚怀王熊槐当政的时候，屈原担任朝廷的左徒，大约是皇家秘书长之类的官。由于他知识渊博，通晓治国之道，又擅长辞令，所以颇受楚怀王重用，经常与怀王商议国事，发布号令，接待宾客，应对诸侯。

公元前318年，楚国联合齐、燕、赵、魏、韩共同攻打秦国，楚怀王任六国合纵的首领。屈原见怀王有所作为，决心辅佐怀王进行改革，联合齐国，抗御强秦。

但是，屈原的政治抱负由于受到宫廷奸党的嫉妒而屡遭挫折。

有一次，楚怀王命屈原起草一份改革政治的文件。屈原针对楚国的积弊，提出许多利国利民的主张。稿子还没有起草完毕，有些问题还需要斟酌推敲，这时，上官大夫靳尚看见了，急于知道这份文件的内容，就要抢过去看。屈原不想让这个嫉妒成性的小人拿去招摇撞骗，就严词拒绝了。靳尚怀恨在心，到楚怀王面前去告状："大王让屈原起草文件，人人都知道屈原的大名，没有人知道这是大王的旨意。因为屈原每起草一篇，就夸耀自己的才华，说什么'这事除了我谁也干不了。'"楚怀王一听，信以为真，怕屈原的威望超过自己，就疏远了屈原，后来又解除了他左徒的官职，贬为三闾大夫，流放到汉水以北的穷乡僻壤。

屈原怀着悲愤的心情离开郢都，戴着高高的帽子，系着长长的佩带，在湖畔吟诗，写出了不朽的长篇抒情诗《离骚》，表达了"路漫漫其修远兮，吾将上下而求索"的决心。

屈原被放逐后，楚国联齐抗秦的外交政策也遭到破坏。

秦惠王派张仪到楚国去离间齐楚联盟，提出："如果楚国断绝与齐国的关系，秦国愿献出商、於之地六百里。"目光短浅的楚怀王以为真能得到六百里土地，就断绝了与齐国的关系，派人到秦国去接受土地。可是翻手为云、覆手为雨的张仪却说："我与楚王约定的是六里。"楚怀王受骗后，派兵去打秦国，结果损兵折将，丢了汉中之地。这时楚怀王结束了屈原的流放，派他出使齐国，以加强对齐友好关系。

秦昭王娶楚国公主，写信给楚怀王，要求会见。怀王想接受邀请，出访秦国。屈原劝阻说："秦是虎狼之国，背信弃义，还是不去为好。"但由于怀王的小儿子子兰等人极力怂恿，怀王还是到秦国去了。结果，秦国扣留了怀王，三年后，怀王死在秦国。

楚国顷襄王让子兰任令尹。屈原对子兰怂恿怀王入秦表示不满，子兰就让靳尚在顷襄王面前说屈原的坏话，于是屈原又被流放到江南。

屈原竭智尽忠，却遭到疑忌，心烦意乱中，去找楚国太卜郑詹尹，请他指点迷津：在这“黄钟毁弃，瓦釜雷鸣；谗人高张，贤士无名”的溷浊世道，自己应当“正言不讳以危身”，还是“从俗富贵以偷生”呢?郑詹尹无法正面回答，只是含糊其辞地说：“用君之心，行君之意”，这样的问题不能用占卜来决定。

一天，屈原在湖滨遇见一位渔翁。他虽然颜色憔悴，形容枯槁，但渔翁还是认出了这位三闾大夫，劝他随波逐流：世人皆浊，你就搅起污泥；众人皆醉，你就吞食酒糟。屈原表示宁可葬身鱼腹，也不能以洁白之身蒙受世俗的尘埃。

屈原终于在楚国山河破碎风雨飘摇的形势下，写了绝笔之作《怀沙》，公元前 278 年农历 5 月初 5 抱着石头投汨罗江自沉。

直到今天人们每逢 5 月初 5 还是要赛龙舟，吃粽子，以纪念这位伟大忠贞的爱国诗人。

勇于承担真男儿

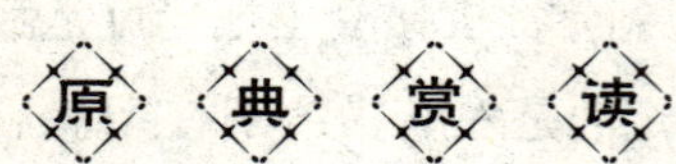

【原文】

丈夫不救国，终为愚贱人！

——明末清初陈恭尹

【译文】

大丈夫如果不能做到救国救民，那么一定是一个愚昧的人。

守信立诚

我们都知道，责任心对于一个人的成长有着至关重要的作用。无论在工作中，还是在生活中，如果没有责任心，一个人就会敷衍塞责、应付了事、得过且过，甚至丢三落四、漏洞百出。如果追究其责任，则会找借口推脱。

一个人要讲诚信，就要勇于承担责任。从古至今，人们都说“言必信，行必果”，也就是要对自己的言行负责，发生错误要勇于承担，这是我们做人、做事的根本。

自己的责任自己承担，是勇于承担责任的基本要求。美国西点军校认为：没有责任感的军官不是合格的军官，没有责任感的员工不是优秀的员工，没有责任感的公民不是好公民。因此，唯有责任，才能担任，才不会推脱自己的责任。所以，要做一个诚信的人，必须要有“责任心”。

有人曾经说过这样一句话：“尽管责任有时使人厌烦、但不履行责任、逃避责任，只能是懦夫，是个不折不扣的废物。”只有勇敢地承担起自己的责任，生命的平台才会越建越高，人生才有意义。

在生活中不小心犯下了什么错，一定不要隐瞒推脱，而要主动认错，勇敢承担责任，这样我们才能使自己更有责任感，才能诚信做人。

家风故事

敢于承担错误的赵匡胤

赵匡胤一生中没有太多的不良嗜好，不像一些昏庸的皇帝耽于酒色，相反，赵匡胤勤于政事，是一个好皇帝。但是毕竟人无完人，再勤政的皇帝也有懈怠的时候。

统一天下的征程中，赵匡胤兢兢业业，在中原初定的时候，赵匡胤把矛头指向了偏安一隅的西蜀。在兵发西蜀之后，赵匡胤有必胜的把握，也就显得有点清闲，每天处理完日常政务之后，便在御书房看看书，偶尔也会召集一些亲信近臣们射猎、蹴鞠，这是他平生最喜欢的两项体力型运动。自登基当皇帝以来，不是戎马倥偬，便是政务繁冗，难得这样清闲过。

这日早朝之后，赵匡胤在嫔妃宫人们簇拥下，又来到皇宫后苑，挟弓弹鸟。

此时已是初冬天气，花草凋零，树木萧条，后苑中略显得有些清冷。但是今日艳阳高照，晴空万里，身边又有这些正值豆蔻年华的妙龄宫女们相伴，赵匡胤仍觉得心里暖融融的。有许多鸟儿正站在光秃秃的枝头上晒太阳，对这群又说又笑的闯入者毫无戒备。

赵匡胤张弓拈弹，略一瞄准，“嗖”的一声，一粒豆粒大小的弹丸利箭般地射了出去，一只翠鸟立时羽毛纷飞，应声坠落下来。妃嫔宫女们一齐欢呼起来，纷纷向赵匡胤恭贺。赵匡胤只淡淡一笑，又挟弓向另一处走去。一连射了四五次，次次弹无虚发，射下的鸟儿各种颜色都有，有的死了，有的还活着。宫女们捧着这些美丽的战利品，一片啧啧称颂之声，她们是从心底里敬佩自己这位神武英睿的君王。赵匡胤亦十分高兴，脸上漾着从心底泛起的笑意，他有些自我陶醉了。

就在这时，一名太监来报，说是侍御史陈子政求见。赵匡胤认为臣下此时求见，必有大事，便宣他进了后苑，让妃嫔们暂到一旁回避。

陈子政行过大礼，便开始啰唆地禀奏，说了一件又一件。赵匡胤耐着性子听着，好容易才奏报完了，却都是些无关紧要的琐碎之事。赵匡胤便有些生气地说道：“这算什么大事急事，何必如此惶急地前来禀报？”

谁知那陈子政却是个憨直之人，居然当面顶撞赵匡胤道：“此事虽不算甚急，但是总比陛下弹鸟急切些吧？”

赵匡胤登基以来，难得像今天这样清闲，正玩得兴致勃勃，却被这人搅扰了，本就不太高兴，更想不到他会当面顶撞，还带着几分讥讽的口吻。就连那些手握重兵、桀骜不驯的大将军们，以及赵普等那些位高权重的宰执大臣们，在自己面前都是俯首帖耳，言听计从，谁敢如此放肆？赵匡胤顿时勃然大怒，只觉得一腔热血都涌到了头顶上，情急之下，顺手拿起了旁边的一把斧子，用斧柄狠狠地向陈子政脸上捣去。却不料陈子政倔强地立在那里，不躲不闪，竟被撞掉了两颗门牙，一股鲜血立时从嘴里流了出来。

陈子政既不谢罪，也不说话，却弯下腰把掉落在地上的两颗门牙拾了起来，仔仔细细地擦干净，以手帕包了，放入袖中。

赵匡胤甚感奇怪，余怒未息地问道：“怎么？你难道要收集物证，去告朕的状不成？”

陈子政却不紧不慢地说道：“陛下贵为天子，微臣还能到何处去告？不过还有史官在，他们会将此事载入史册。”

一句话，说得赵匡胤目瞪口呆，他顿时醒悟。是啊，自己身为天子，至高无上，可以为所欲为，臣下都怕自己，可是历史却不怕，它会无情地把自己的功过得失毫厘不爽地流传下去。历史上，许多帝王都是因耽于玩乐，荒废朝政，最终导致误国丧权，身败名裂。自己怎能因为弹鸟作乐而不听劝谏，还动手打了臣下呢？想到这里，赵匡胤只觉得悚然心惊，一股冷气沿着脊骨往上蹿。连忙笑着说道：“你说得对，朕不该耽于游乐，玩忽职守。”说罢，赵匡胤命人去取来一些金帛，赐给那位陈子政，以示歉意。

这件事给赵匡胤的震动极大。自此以后，他每出一言，行一事，都会想起那血淋淋的两颗门牙，想到史官会将自己的言行一一记录在册。

人生要勇于负责

【原文】

人生须知负责任的苦处，才能知道尽责任的乐趣。

——梁启超

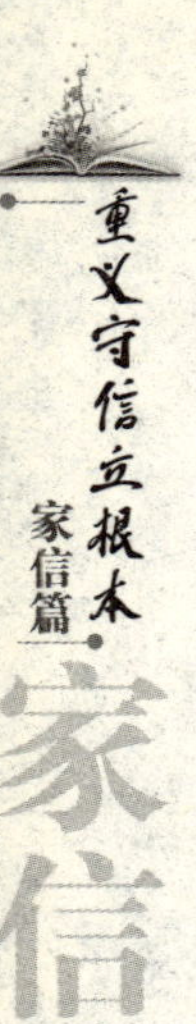

【译文】

一个人只有真正了解到担负起责任的痛苦，才能体会到尽到责任的乐趣。

守信立诚

对人守信、对事负责是诚信做人的基本要求。爱默生说："责任具有至高无上的价值，它是一种伟大的品格，在所有价值中它处于最高的位置。"科尔顿说："人生中只有一种追求，一种至高无上的追求——就是对责任的追求。"

何为责任?对责任的理解通常可以分为两个方面。一是指分内应做的事，如职责、责任、岗位责任等；二是指没有做好事情或犯了错误，而应承担的不利后果或强制性义务，如担负责任、承担后果等一个人不得不做的事或一个人必须承担的事情。

在生活中我们要勇于承担责任，因为承担责任能促进自己的成长和发展。承担责任就会承担压力，而压力会产生动力，激励自己充分发挥个人潜能，克服种种困难，去实现自己的奋斗目标；承担责任才能赢得别人的信任，得到别人的帮助和支持；承担责任才能获得自尊和自信，在履行责任中增长才干，获得社会的承认和赞誉。一个缺乏责任感的人，或者一个不负责任的人，首先失去的是社会对自己的基本认可，其次失去了别人对自己的信任和尊重，甚至失去了自身的立命之本——信誉和尊严。

家风故事

于谦忠勇守京城

"千锤万凿出深山，烈火焚烧若等闲；粉身碎骨全不怕，要留清白在人间。"这首脍炙人口的《石灰吟》，是出自我国明代伟大的民族英雄于谦之手。在这首饱蘸激情的诗作中，人们能够感受到诗作者为国为民，视死如归的壮烈胸襟。

于谦因为睿智忠勇，政绩卓著，年轻时就被从地方调到京城中，任兵部左侍郎。

当时，蒙古瓦剌部太师也先率兵南犯，侵掠了山西、大同等地，当朝皇帝明英宗听信了宦官王振的主张，仓促应战，亲自率领50万明军远道出征。由于缺乏准备，指挥失误，明军与瓦剌部一接触就全线溃败。在退守土木堡一战中，全军覆灭，高高在上的一朝皇帝成了蒙古人的阶下囚。

消息很快传到京城，朝廷一片恐慌。皇太后急忙在朝中大殿召集众大臣们商议对策。首先一个叫徐珵的大臣扯高着嗓音发言了，他说："皇帝被俘，群龙无首，京城临近蒙古，位居险地，危在旦夕。应该迁都南京，在那里建立一个巩固的大后方，等待时机，再北上讨伐蒙古人……"话音未落，一个人从座中站起，大声斥责道："对于这种怯战逃跑，提议迁都的卑鄙小人，必须格杀勿论!"这个人正是于谦。满朝文武鸦雀无声，等着听他的下文。他义正词严地陈述道："京城是一个国家的根本，放弃了京师就会人心涣散，宋朝偏安半壁，迁都杭州的惨痛教训还不值得我们作借鉴吗？北京城虽然临近蒙古地，但是有险可守。最重要的是军民之中，人心思战，所以此时万不可有丝毫的退却之念。应该火速召集各地部队来京，加强对京城的防御，誓死保卫我们的国都!"他慷慨激昂的抗战主张，得到了座中许多大臣的赞许，影响了犹豫不定的皇太后。最后皇太后决定不迁京都，由英宗弟弟郕王朱祁临时摄政，并任命于谦为兵部尚书，统治天下兵马，保卫京城。

于谦受命于危难之际，立即从各地调集兵马来京，筹备粮草，修造兵器，加固城防。再说那瓦剌太师也先早已对北京城垂涎三尺，便乘着胜势将英宗作为人质，挟持着英宗攻破了紫荆关，长驱南下，直逼北京。

当时北京的守军只有20多万，其中有许多老弱不堪者。由于交通不便，地方增援的部队还在道上，情况万分危急。有的将领畏敌情绪严重，不敢出城迎敌，提出了闭门拒守的主张。于谦分析道："我们面临的是一种敌强我弱的态势，如果闭门死守，便会在敌人面前暴露了自己的虚实，只能大长敌人志气，削减我们拒敌的斗志，我们必须用计策反击敌人。"

于是他便排阵布兵，在德胜门外事先将一部分兵力埋伏在城外无人居住的民房里，然后派小股部队诱敌深入。敌兵哪知是计，见有明军出现，就一路呼喊着杀了过来。忽然一声炮响，伏兵四起，直杀得敌人人仰马翻，抱头

鼠窜，敌军大将也先的两个弟弟先后丧命。

也先在德胜门失利后，调拨人马转而猛攻西直门和彰义门。明军的抵抗十分顽强，伤亡也比较惨重，眼看就要失守了。于谦下令动员老百姓参战。大批普通百姓蜂拥赶到那里，杀声震天，他们登上房顶抛砖投瓦。敌人顾此失彼，东窜西逃，最后只好扔下大批尸首狼狈而去，逃回塞外。

时隔不久，也先只好将英宗送还明朝。

在于谦的指挥下，明军获得了胜利，使明王朝转危为安。于谦以他的忠贞大勇守住了国都，捍卫了江山社稷，成了一位令人敬爱的民族英雄。于谦死后，人们把他的祠墓建在杭州西子湖畔，让他长眠在南宋民族英雄岳飞身边，以寄托人们对他的敬仰和缅怀。

天下兴亡，匹夫有责

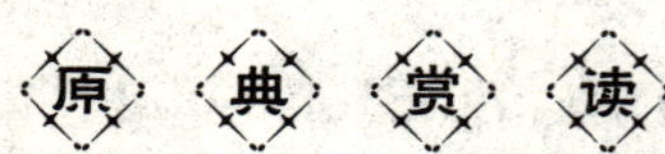

【原文】

天下兴亡，匹夫有责。

——顾炎武

【译文】

国家的兴盛和灭亡，是我们每一个国民的责任。

守信立诚

责任之心，小可至企业个人，大可至国家民族之义。统一是每个人的责任，不易之以珍奇财宝，不屈之以强权核武，这是责任的高贵，是肩负责任的深沉与不动摇，也是民族奋起展翅而飞的光明与希望。“柏林墙”轰然倒塌时，多少人相拥而泣。横亘在柏林的警戒线如同一把插在德意志民族心脏上的尖锐匕首，粗鲁地割伤民族的血脉，而喷薄的血带动了民族统一的殷切期望。责任心是一个民族分离走向聚合的驱动力，是同一文化历史下共同的精神要求。

天下兴亡，匹夫有责。一个国家，一个民族，战争与分裂都是暂时的，只要每个人都站起来，擎起崭新的统一与繁荣。责任心让每个人有“苟利国家生死以”的坚忍，更让一个国家能更骄傲的屹立于民族之林。

“天下兴亡，匹夫有责”不是一句口头上的大话和套话，它是必须铭刻在我们心中的一种责任意识。当将来国家需要我们的时候，我们必须尽可能付出自己的所有，来履行自己心中光荣而神圣的责任。

家风故事

李膺情操高洁

东汉末年，宦官和外戚把持着选拔官吏的大权，他们颠倒是非，混淆黑白，堵塞了士人做官的门路。当时，民间有这么一种说法：当选才学优秀的却没有文化，当选品德高尚的竟不供养父母，当选清贫纯洁的反比污泥秽浊，当选勇猛有帅才的竟胆小如鼠。在外戚、宦官的腐朽黑暗统治下，社会危机日益加深，东汉王朝濒临危境。有识之士深为忧虑。

李膺出身于东汉时的官僚地主家庭。东汉向来有着清议之风，即对时政或者人物进行品评，非常重视个人的名节操行和儒学修养，这对他们在社会的地位或者是朝堂上的进退有着重要的影响，李膺就是在这种风气中长大的。

他个性孤傲，为人清高，同时又饱读诗书，满腹经纶，文能治国，武能安邦。永寿二年（156 年），鲜卑侵扰云中，桓帝不得不重新起用李膺为度辽将军。李膺一到边境，慑于他的威望，鲜卑望风臣服，可见他的名气很大。那时候的东汉人把攀登李膺的家门比之为“登龙门”，一般士人一旦为李膺所接待，就身价十倍。

文人与专权的宦官冲突不可避免，但是朝堂之上，是宦官挟天子以令天下的格局。崇尚清议之风的太学学生只能抨击时政，发挥舆论的作用，并依

附外戚，与宦官展开激烈的争斗。可惜宦官羽翼已丰，他们用自己手中的权力打击官僚和太学生，说他们结党营私。灵帝在宦官挟持下，两次向党人发动大规模残酷的迫害活动，使大部分党人禁锢终身，也就是一辈子都不许做官。史称“党锢之祸”。这场灾祸的燃点是一个名为张成的江湖术士推算近期将要天下大赦，指使儿子故意杀人。司隶李膺不顾大赦之令依然将他正法，没想到张成广交宦官，甚至与汉桓帝也有交情，于是宦官教唆张成的弟子上书诬告李膺等人“共为部党，诽讪朝廷，疑乱风俗”。桓帝大怒，立即下令逮捕党人，并向全国公布罪行。太学生游说外戚，借他们的力量向桓帝求情，而李膺等人受审时，故意牵扯出部分宦官子弟，宦官惧怕牵连，也向桓帝请求赦免党人，所以此次以党人获赦而告终。但是桓帝死后，宦官们怂恿年幼的灵帝发动了新一轮的党锢之祸。

案情牵涉到李膺，有人劝他逃走。李膺回答说：“临事不怕危难，有罪不避刑罚，这是做臣子的气节。我年已六十，死生听从命运，往哪里逃呢?”

李膺被捕入狱时，被牵连的同党陈实自动投狱：“我不就狱，众无所恃。”千年后的谭嗣同也秉承这种精神：“不有行者，无以图将来，不有死者，无以召后起。”这原是清浊之战，黑白之辨，只可惜正未胜邪。

古代中国的知识分子在党锢之祸中表现出担当道义的勇气和责任心，在后来的流传中渐渐成型，并对后世产生了很大影响，后来的“天下兴亡，匹夫有责”等口号也是顺承了当时的这种精神。

铁肩敢于担道义

【原文】

职守，人之大义也。

——《晋书·列女传》

【译文】

恪守职责，是天下的道义。

守信立诚

生活中以恪尽职守的态度对待工作，应注意不要犯权责越位的毛病，正所谓“不在其位，不谋其政”。但是现实工作中，有很多人都容易犯不在其位、也谋其政的毛病。比如，动不动就对别人的做法说三道四、指手画脚，甚至恨不得自己替别人去做，这是很不好的习惯。你越位做了别人该做的事，不但不会得到别人的感谢，反而还可能招致别人的忌恨。

在工作中，每个人都有自己的角色，并且每一个角色的背后都有相对应的权利和责任。因此，人们首先应该做好自己分内的事情，各司其职，才能提高效率。否则，不仅自己的事情做不好，还会在无意中影响了别人的工作。

家风故事

责任本身是一种荣誉

蔡元培已经成为教育改革的一个代名词，他对北京大学的改革也成为教育史上难以超越的高峰。他的思想，一直影响着中国的新式教育，而他的人品，更加值得我们敬佩。

蔡元培曾担任教育总长、北京大学校长、中央研究院院长等职。在这些位置上，他作出了卓越的贡献。

他提出了“五育”并举的教育方针，即国民教育、实利主义教育、公民道德教育、世界观教育、美感教育这五个方面要共同发展。直到今天，我们也还没有完全实现他的愿望。

在儿童教育方面，他提倡“尚自然”“展个性”。他设想通过胎教院、育婴院、幼稚园三级机构来对儿童进行美育，让妈妈和小孩生活在美好、自然的环境之中；让小孩学习舞蹈、唱歌、手工。他不喜欢让孩子学习枯燥的计算，而是要让孩子在学习中感受到美好和快乐。这正是孩子们真正需要感受的。

蔡元培在家乡先后主办过绍郡中西学堂、绍兴府学堂、越郡公学、明道女校，积极培养家乡的青年人才。他任北京大学校长时，提出大学应该是研究高深学问的地方，要“思想自由，兼容并包”。将学年制改为学分制，实行选科制，积极改进教学方法，精简课程，倡导自学，校内实行学生自治，教授治校。他还很重视劳动教育、平民教育和女子教育。他在北京大学办校役班和平民夜校，在上海创办爱国女校。

在很多人眼中，要保持自己的高洁品性，就应该远离尘世，隐居修行。这样当然可以一尘不染，但是对社会对他人却没有任何贡献。这样的人生谈不上大格局，也自然没有大愤怒。蔡元培是个出了名的好好先生，很少在别人面前发脾气。但是他却有人生的大愤怒。

1917 年 7 月 3 日，蔡元培发表了热情洋溢的北大就职演说，但余热未散，他就向当时的黎元洪总统提出了辞职，为什么？虽然他写得非常含蓄，其实大家都明白他是在抗议张勋复辟。一年之后，他为“中日防敌军事协定”，又提出辞呈。1919 年的五四运动爆发后，政府逮捕了一些爱国学生代表。为解救被逮捕的学生，蔡元培于 5 月 8 日提交了辞呈，并且在第二天就离开了北京。这件事还引起一场校长辞职热潮——看到政府没有积极地挽留蔡元培的意思，北京各大专学校校长一起递出了辞职书，蔡元培的威信和人缘发挥了重要作用，政府迫于压力，只好放了学生。

1923 年 1 月中旬，蔡元培再次愤而辞职，并在《晨报》刊发了辞去北大校长职务的声明：“元培为保持人格起见，不能与主张干涉司法独立、蹂躏人权之教育当局再生关系，业已呈请总统辞去国立北京大学校长之职。自本日起，不再到校办事，特此声明。”

蔡元培这次愤而辞职，是为了一个他并无深厚交情的人。这个人本来没有犯什么错，却被两次逮捕。在蔡元培看来，这简直是无视司法、践踏人权。他尤其憎恶顶头上司、教育总长彭允彝的卑污人格，不想和这样的人为伍，“元培目击时艰，痛心于政治清明之无望，不忍为同流合污之苟安，尤不忍于此种教育当局之下支持教育残局，以招国人与天良之谴责”，对正义的忠诚和对当局的痛心字字可见。

蔡元培犹如当年的孔子一样，发出“是可忍孰不可忍”的感慨，这正是一颗正义之心发出的人生大愤怒!

在其位须谋其政

【原文】

子曰：不在其位，不谋其政。

——《论语·宪问》

【译文】

孔子说：不担任这个职务，就不去过问这个职务范围内的事情。

守信立诚

在其位，必须谋其政，而且必须谋好，否则就是失职。汉代王充在《论衡·量知》中说：“无道艺之业，不晓政治，默坐朝廷，不能言事，与尸无异，故曰尸位。”刘宝楠在《论语正义》中说：“欲各专一于其职”，说的就是这个意思，这是儒家一贯的处世态度。

孟子曰：“位卑而言高，罪也。”在当时的封建专制时代更是如此，身处低位，就不要去议论朝纲，否则会招来祸患。

曾子在《论语·宪问》中也说：“君子思不出其位。”君子考虑问题不逾越自己的身份。

《中庸》也有：“君子素其位而行，不愿乎其外”“在上位，不陵下；在下位，不援上。”

以上的言论都讲到了不要越位的问题，揭示的道理就是“不在其位，不谋其政”。孔子所说的“不在其位，不谋其政。”可以分解成形式不同的四个部分：“在其位，谋其政”“在其位，不谋其政”“不在其位，谋其政”“不在其位，不谋其政。”从古至今，上至皇族君臣、政府要员，下到贩夫走卒、普通百姓，处在社会的不同分层上，各有各的立身之所，也各有各的思维方式和行为模式，各自的改造自身与社会的活动，分力与合力的不同作用，推动了社会的发展。

现实中的我们，面对激烈的市场竞争，面临巨大的生活压力之时，应该借鉴孔子：“不在其位，不谋其政”的思想精髓，去实现自己的人生目标。孔子认识到了职务的重要性，他知道掌握了权利，一定程度上就掌握了主动，只有掌握主动权，做人做事的时候才不会受制于人，问题才会迎刃而解。

家风故事

祢衡之死

祢衡，字正平，平原郡（今山东临邑东北）人。祢衡少年时代就表现出过人的才气，记忆力非常好，过目不忘，善写文章，专于辩论。但是，他的坏脾气似乎也是天生的，急躁、傲慢、怪诞，动不动就开口骂人，因而得罪了不少人。这么一个人物，又生活在天下动乱、群雄割据专权的东汉末年，所以他的悲剧命运也就注定了。

建安初年，汉献帝接受曹操的建议，把都城迁到了许都（今许昌）。为了寻求发展的机会，祢衡荆州来到人文聚集的许都。祢衡事先写好了一封自荐书，打算毛遂自荐，但因为看不起任何人，结果自荐书装在口袋里，字迹都磨损得看不清楚了，也没派上用场。当时许都是东汉王朝的都城，名流云集，人才济济，当世名士有很多都集中在这里，但自视甚高又不愿同流合污的祢衡一个也看不上眼。有人劝他结交司空椽陈群和司马朗，他却很刻薄地挖苦说：“我怎么能跟杀猪卖酒的人在一起！”又有人劝他参拜尚书令荀彧和荡寇将军赵稚长，他回答道：“荀某白长了一副好相貌，可借他的面孔去吊丧；赵某是酒囊饭袋，只好叫他去监厨请客。”后来，祢衡终于结交了两位朋友，一位是孔子的后代孔融，另一位是官宦子弟杨修。可能是才气学问相当并且气味相投的原因，他们三位不仅比较谈得来，而且相互之间还曾有过肉麻的吹捧，如孔融称祢衡是“颜回不死”，祢衡称孔融是“仲尼复生”。

孔融于是把祢衡推荐给曹操，希望曹操能够任用祢衡。谁知祢衡却不领情。他不但装病不见曹操，而且出言不逊，把曹操臭骂了一顿。曹操正当招揽人才的时候，比较注意自己的言行和形象，尽量保持宽容爱才的名声，因此虽然恼怒，也不好加害。于是想了个借刀杀人的法子，强行把祢衡押送到荆州，送给荆州牧刘表。

刘表及荆州人士早就知道祢衡的大名，对他的才学十分佩服，所以对他并不歧视，相反还礼节周到，把他奉为上宾。刘表让祢衡掌管文书，荆州官府所有的文件材料，都要请祢衡过目审定，在工作上可以说对他放手使用，十分信任。但祢衡这个才子的致命弱点是目空一切。他不但经常说其他人的坏话，而且，渐渐的连刘表也不放在眼里，说起话来总是隐含讥刺。刘表本来就心胸狭窄，自然不能容忍祢衡的放肆和无礼。但他也不愿担恶名，就把祢衡打发到江夏太守黄祖那里去了。

刘表把祢衡转送给黄祖，是因为他知道黄祖性情残暴，其用意显然也是借刀杀人。祢衡初到江夏，黄祖对他也很优待，也让他做秘书，负责文件起草。祢衡开头颇为卖力，工作干得相当不错，凡经他起草的文稿，不仅写得十分得体，而且许多话是黄祖想说而说不出的，因而甚得黄祖赏识。有一次黄祖在战船上设宴会，祢衡的老毛病又犯了，竟当着众宾客的面，尽说些刻薄无礼的话！黄祖呵斥他，他还骂黄祖这个“死老头，你少啰唆！”当着这么多的人面，黄祖哪能忍下这口气，于是命人把祢衡拖走，吩咐将他狠狠地杖打一顿。祢衡还是怒骂不已，黄祖于是下令把他杀掉。黄祖手下的人对祢衡早就憋了一肚子气，得到命令立刻把他杀了。祢衡死时年仅二十六岁。

祢衡的死使人感到惋惜，却不让人觉得意外。祢衡虽然有才学，却不懂得处世之道。如孔子所言“位卑而言高”，对曹操等人都是一副骄傲的态度。

不肯正视现实，不能正确自我定位，“不在其位”时“欲谋其政”，而真正“在其位”时，又不能“谋其政”。倘若他自重一些，让人一些，就不会死的这么早！

蜡炬成灰泪始干

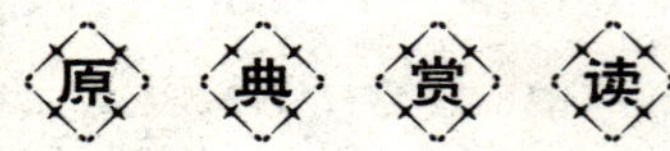

【原文】

春蚕到死丝方尽，蜡炬成灰泪始干。

——李商隐《无题》

【译文】

春天的蚕吐尽最后的丝才不甘的死去,蜡烛烧成灰的时候烛泪才干。

守信立诚

奉献，就是把自己的才能、劳动甚至生命，无私地奉献给人民、国家、社会。

在中华民族的历史长河中，每当民族危亡的时刻，都会出现许多甘愿为国捐躯、舍身报国的民族英雄和志士仁人。文天祥“人生自古谁无死，留取丹心照汗青”的千古绝唱，林则徐“苟利国家生死以，岂因祸福避趋之”的豪壮诗篇，吉鸿昌“恨不抗日死，留作今日羞，国破尚如此，我何惜此头”的旷世呐喊，范仲淹“先天下之忧而忧，后天下之乐而乐”的为官之道……这一切都充分展现了历代民族英雄、仁人志士敢于为国赴死的牺牲精神和忧国忧民民族气节，令人荡气回肠。如今，在和平时期，我们同样需要这种牺牲精神和忧国忧民精神。有了“无私奉献”这一精神支柱，才能做到深怀爱民之心、恪守为民之责、善谋富民之策、多办利民之事，时刻把群众的冷暖挂在心上，保持高度的政治责任感和昂扬的工作热情，与时俱进，奋发有为。

奉献精神，不是一个抽象的概念,而是一种情感，一种境界，一种无私的爱，更是一种伟大的实践，一种人生价值的体现。在革命战争年代，在社会主义建设时期,无数英雄模范人物，用自己的鲜血乃至生命，谱写了一曲曲人生颂歌。他们用闪光的人生回答了奉献精神的真正含义。今天，我们正处在改革开放的年代，现代化建设需要自我牺牲的精神，社会主义需要为人民服务的思想，奉献精神应该成为时代的最强音。

家风故事

无私奉献焦裕禄

焦裕禄，男，汉族，山东省淄博市人，中共党员。生于1922年，1946年参加工作。1964年5月，焦裕禄因肝癌不幸病逝，年仅42岁。生前系河南省兰考县县委书记。1966年，焦裕禄被河南省人民政府追认为革命烈士；2009年9月，焦裕禄被评为“100位新中国成立以来感动中国人物”。

焦裕禄出生在一个贫苦家庭。抗日战争初期，日寇、汉奸和国民党反动派对劳动人民的剥削和压迫越来越残酷，焦裕禄同志家中的生活越来越困难。在抗日战争最艰苦的年代里，他的父亲焦方田走投无路，被逼上吊自杀。日伪统治时期，焦裕禄同志曾多次被日寇抓去毒打、坐牢，后又被押送到抚顺煤矿当苦工。焦裕禄同志忍受不了日寇的残害，于1943年秋天逃出虎口，回到家中。后因无法生活下去，又逃到江苏省宿迁县，给一家姓胡的地主扛了两年长工。

1945年抗日战争胜利后，焦裕禄从宿迁县回到了自己的家乡。虽然当时他的家乡还没有解放，但是共产党已经在这里领导群众进行革命活动了。焦裕禄主动要求当了民兵，并参加了解放博山县城的战斗。1946年1月，焦裕禄在本村参加中国共产党。不久，他正式在本县区武装部从事领导民兵的工作，后又调到山东渤海地区参加土地改革复查工作，担任组长。

解放战争后期，焦裕禄随军到了河南，分配到尉氏县工作，一直到1951年。他先后担任过副区长、区长、区委副书记、青年团县委副书记等职。而后又先后调到青年团陈留地委工作和青年团郑州地委工作，担任过团地委宣传部长、第二副书记等职。1953年6月，焦裕禄担任洛阳矿山机器制造厂车间主任，后又担任科长。1962年6月，为了加强农村工作，焦裕禄又调回尉氏县，任县委书记处书记。同年12月，焦裕禄调到兰考县，先后任县委第二书记、书记。

焦裕禄当上兰考县委书记的第一年，正是这个地区遭受连续三年自然灾害较严重的一年。面对危害老百姓生产生活的三大灾害——内涝、风沙、盐碱，他带领全县人民全身心投入封沙、治水、改地斗争。他身先士卒、以身作则，风沙最大的时候，带头去查风口，探流沙；大雨瓢泼的时候，他带头踏着齐腰深的洪水察看洪水流势；风雪铺天盖地的时候，他率领干部访贫问苦，登门为群众送救济粮款。他经常钻进农民的草庵、牛棚，同普通农民同吃同住同劳动。

他忍着肝病的折磨，靠着自行车和铁脚板跋涉5000余里，对全县149个生产大队中的120多个进行了走访，把所有的风口、沙丘、河渠逐个丈量、编号、绘图，制定了治理“三害”的科学规划。有时肝区疼得直不起腰、骑不了车、拿不住笔仍然坚守岗位、冲在一线。他总是在群众最困难、最需要帮助的时候，出现在群众面前。他心里装着全县人民，唯独没有自己。

1964年5月14日，焦裕禄被肝癌夺去了生命，年仅42岁。他临终前对组织上唯一的要求，就是他死后“把我运回兰考，埋在沙堆上。活着我没有治好沙丘，死了也要看着你们把沙丘治好。”1966年2月，新华社播发长篇通讯《县委书记的好榜样——焦裕禄》，全面介绍了焦裕禄的感人事迹。他被誉为“县委书记的榜样”。

第八章

忠义为魂：忠义家风传千古

一个国家，一个民族，如果缺少了忠义的人，那么这个国家，这个民族，一定会灭亡。只有“忠义”的精神，才会使国家更加团结，更加强大。所以，我们一定要把“忠义”的精神作为优良家风传承并弘扬下去，让我们的民族更加繁荣昌盛下去。

忠诚是做人的根本

【原文】

忠诚敦厚，人之根基也。

——魏裔介《琼琚佩语·人品》

【译文】

为人处世，忠诚敦厚是根本。

守信立诚

一个社会的文明与否，最基本的一个准则就是以人的忠实诚信度来衡量，忠实诚信是一个人做人的根本，也是一个国家文明程度的体现。

忠诚被儒家称为进德修业之本、立人之道、立政之本。所以说忠诚对我们并不陌生，中华民族悠久灿烂的古代文明为后世的我们留下了取之不尽的精神财富。先辈们的人格魅力和品格修养经过千年的积淀，形成了今天中华民族伟大的品格，其中倡导忠诚就是其一。就像张骞出使西域、鉴真东渡，无不让人敬佩。一个国家需要忠诚，一个集体需要忠诚，一个组织需要忠诚，一个人需要忠诚。

做到忠诚，就要敬业爱岗，恪尽职守，踏踏实实做好每一件事。忠诚不是体现在口头上，而是要落实在实实在在的行动上、具体的事情上。

这个世界上，获得最大成功的人未必是最聪明的人，也未必是最幸运的人，但一定是最执着、最忠诚的人。有些东西是你永远得不到的，但有些品质却是每个人都可以拥有的。有了忠诚，你未必能够发大财、掌大权，但你一定会过得舒心、快乐！人生在世，难道还有比这更重要、更有价值的东西吗？

忠诚在于内心，敬业在于工作上尽职尽责、善始善终、一丝不苟。大至国家、企业，小至工作岗位，我们每个人只要深怀一颗忠诚之心，用具体的实际行动，以踏踏实实、认认真真、兢兢业业的态度做好每件平凡的小事，就是对国家、对企业、对职位最大的忠诚！现实生活中，我们每个人都应该有自己的责任、忠诚度，才能无愧立于天地之间。

家风故事

秦巨尽忠

南宋高宗时的宰相秦桧是人人发指的大汉奸，他陷害抗金英雄岳飞，出卖国家民族利益，罪大恶极，罄竹难书。但其曾孙秦巨，却走了一条与其曾祖父完全相反的道路，他崇尚民族气节，坚持抗金斗争，最后壮烈牺牲，名垂青史，万人敬仰。

秦巨，字子野。他虽出身于秦氏门庭，但对其曾祖秦桧的卖国丑行却极为愤慨，从小就仰慕精忠报国的岳家父子，立誓效法他们，为国献身。他勤学经史，苦练武功，成年后，即投身军旅，奋战沙场，屡立奇功。不久，受命赴南宋军事重镇蕲州 (今湖北省蕲春县西北) 任通判，协助郡守李之诚治理军政事务。

南宋宁宗嘉定十四年，北方的金国又一次向南宋发动大规模的侵略战争。这一年的二月初，金宣宗派大将完颜阿邻率领精兵悍将十余万，向淮南逼进，进攻黄州、围攻蕲州。二月中旬，蕲州被数万金兵重重包围。

当时蕲州只有数千人马，形势十分危急。郡守李之诚问秦巨道：“秦大人，金兵压境，蕲州危如累卵，你看是逃，是降，还是战呢?”

李之诚一向忠心为国，秦巨知道他的这番话是有意试探自己，便奋然按剑起立，慷慨说道：“金兵猖獗，占我中原，掳我先帝，杀我百姓，靖康大耻，至今未雪，臣子深以为恨。今又纵兵南下，犯我淮南，旧恨新仇，令人切齿! 巨早已以身许国，宁战死沙场，也决不降逃!”

李之诚听了秦巨这番忠义之言，激动得一把握住秦巨的手说道：“子野，我们生为大宋人，死为大宋鬼，誓与蕲州共存亡，与金兵血战到底!”

于是，李之诚与秦巨立即召集全体将士，用忠义之言激励他们卫城守土，三军将士见主官誓死守城，人人激奋，纷纷写血书表示决心：誓死守卫蕲州，决不让寸土与金虏!

蕲州城虽然兵力薄弱，但由于将士们忠心为国，奋勇争先，作战时都能以一当十，多次给金兵以重创，使蕲州城固若金汤，坚不可摧。

狡诈的金兵统帅见攻城月余，蕲州仍未攻下，便抽调兵力转攻黄州。三月初，黄州陷落，十几万金兵齐集蕲州城下，把全城围成铁桶一般。

蕲州告急。李之诚与秦巨几次派人冲出重围，向武昌、安庆、合肥等处的宋军求援，但援兵迟迟不至。眼见蕲州即将不保，在这种情况下，李之诚与秦巨仍毫不气馁，他们日夜督战，安抚百姓。

三月十六日，潮水般的金兵从蕲州城西门攻入城内，李之诚与秦巨指挥着仅存的少数兵将在城内与金兵展开巷战。血战数日，李之诚不幸身受重伤，倒卧血泊之中，为了不被敌人活捉，他拔剑自刎，壮烈牺牲。李之诚为国捐躯后，秦巨强忍悲愤，挑起了指挥作战的重任。三月二十日，金兵占领了全城。秦巨见大势已去，便对从卒刘迪道：“巨受命于危难之际，肩负抗金守境重任，今蕲州已失，愧对国恩。古人曰：不成功便成仁，巨只能以死殉职了!”说罢，便强令刘迪搬来柴火，亲自点燃，然后不顾士卒阻拦，奋身跳入火中。两个儿子秦浚、秦潭也一齐自焚。

秦巨以实际行动兑现效法岳飞，精忠报国的誓言，受到后人的景仰。

办事严肃，待人忠诚

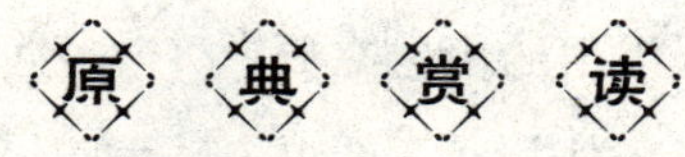

【原文】

居处恭，执事敬，与人忠。

——《论语·子路》

【译文】

平常在家规规矩矩，办事严肃认真，待人忠心诚意。

守信立诚

每个人都有一颗心，那谁又知道是一颗怎样的心呢？只有自己才知道。古语云："路遥知马力，日久见人心"。日子久了就知道那人的心是好是坏。现在国家不是提倡"五心"教育吗？其中"五心"以忠心为首，也就是人先要有忠心。

岳飞一生为国家作出了巨大的贡献都是岳母教育有法。岳飞从小就有一颗忠于国家之心，又熟读孙权兵书，热爱劳动，身体非常强壮，还学得一身好武艺，同时还有超人的胆识。他听说金兵来侵略自己的国家，就请求母亲自己要去从军为祖国效力。母亲用金针在岳飞背上刻上"精忠报国"四个大字。

我们要以振兴中华为己任，勤奋学习，无私奉献，为祖国早日实现现代化贡献自己的力量。还要做一个忠义之人，用赤诚的爱，火热的心为祖国的强盛而奋斗。

家风故事

周公忠贞感成王

提起周公，人们大都知晓，他是周朝初期的大功臣。他协助武王伐纣，辅佐成王治理天下，竭忠尽诚，坚贞不二，为人们所称道。

周公姓姬，名旦，是周武王的弟弟，因他的食邑在周地（今陕西岐山北），所以人们尊称他为周公。武王伐纣时，他是武王的得力助手，出生入死，忠心耿耿，立下了卓越的功勋。

灭商后的第二年，武王病危，将周公召到榻前，断断续续地说："我死之后，将由我的小儿继位。他年幼无知，周朝社稷的重任将落在你的肩上……望你尽心辅佐，那样，我在九泉之下才会瞑目的……"周公含着眼泪，点头答应下来。

武王过世后，由儿子成王继位。这时成王年龄尚小，周公担心各地诸侯会乘机叛周作乱，威胁周朝政权，于是代成王执政。

执政后的周公日夜操劳，唯恐出现什么差错。他制定了唯才是举的方针，礼贤下士，广招人才。有时正在吃饭，听说有士人来见，他就立即放下饭碗出去迎接；有时正在洗发，听说有士人来见，他就赶快握起头发接待。

尽管如此，还是招来了一些流言蜚语。武王的弟弟管叔和蔡叔散布谣言，说周公要谋害成王，篡夺王位。商纣王的儿子武庚一看周朝内部出现裂痕，便联合了一些商朝的遗老遗少乘机作乱。管叔和蔡叔也加入进来。刚建不久的周王朝面临着严峻的考验。

在这紧要关头，周公前去拜访两位德高望重的大臣姜尚和召公奭。他非常坦诚地说道："我之所以不避嫌而代成王执政，是担心天下诸侯叛周，因而对不住先王在天之灵。武王早死，成王年幼，我为了保卫大周社稷才这样做的呀!"周公的一番话打动了姜太公和召公，他们表示愿意和周公站在一起。

不久，周公开始兴师讨伐叛乱，用了三年的时间，终于平定了叛乱，杀死了武庚、管叔，流放了蔡叔，周朝的统治得以巩固。

周公摄政了七年，见成王慢慢长大了，就把政权全部交给了他，自己从此以大臣的礼节出入朝中。这时他便把主要精力用于制礼作乐，制定各种典章制度以辅佐成王来巩固周王朝。

一次，周公受到别人的诋毁，成王也对周公产生误解，要追查他。见此情状，周公暂时逃亡到了楚地去避难。成王在一次查看档案时，偶然发现了一篇周公为自己写的祈祷辞。原来成王年幼时得过一场重病，周公为使成王免于灾难，就向神灵祈祷：成王虽年幼，但很懂事，如果有触犯神明的地方，那是我的责任；如果惩罚，我甘愿领受。看着看着，成王感动得落下了一串串泪珠，觉得自己愧对赤诚的周公。不久，他派人将周公接了回来。

周公在成王身边经常直言劝谏成王，要切记商朝灭亡的教训，谨慎治理国家，不能贪图荒淫的生活，要体察民情，懂得百姓的疾苦，要以德教化民众，不要听信谗言。成王按周公的教诲治理国家，国家逐渐兴盛起来。

大权在握而无异心，屡遭猜疑而矢志不渝，周公的一生为忠臣树立了楷模。

大义凛然舍己身

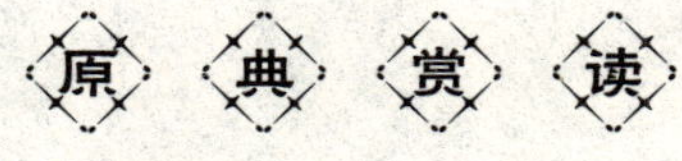

【原文】

仁义忠信，乐善不倦，此天爵也。

——《孟子·告子上》

【译文】

有的人，信践仁义忠信，乐于行善，并且不知疲倦。这种人，在天上是有爵位的。

守信立诚

人们常常把义与仁连用，即仁义；也把义与利连用，即义利。从某种意义上说，仁是义的内隐，义是仁的外显。

义的第一个含义是道义。义是指人应该如何去做，即人的行为应该是正义的或符合道德规范的，“君子喻于义，小人喻于利”“不义而富且贵，于我如浮云”，讲的都是这个意思。义的本字是宜，宜原有杀的意思，是杀意的隐蔽衍生。革命时期所倡导的舍生取义、大义凛然有一种肃杀、凛然的气概，表示刚毅果断而赴死、殉节的意思。所以，义主要指对自身行为的选择，且所裁所决的事往往是大是大非，是处在紧要关头甚至是生死关头的裁决。

义的第二个含义是侠义、义气的意思。在世界其他各国文字中，都没有与义字相同的字，只有我们中国文化讲侠义、义气。侠义、义气是指对朋友的一种精神，为了朋友可以牺牲自己的生命。朋友死了，应该对他的孩子负责教养，培养教育到长大成人，成家立业，在武侠小说中经常可以看到这种精神。习武的人，不肯用飞刀、镖等暗器，不得已一定要用时，也要在出手的同时叫一声“看镖”，就是要在偷袭的时候，也通知一声：“你小心我要偷袭你了”。所谓明人不做暗事，即使是对仇人，也绝不干私下整人的事。这就是一种讲礼义的风格。先义后利、以义制利是儒家的重要思想。

社会主义时代，虽然我们反对那些无原则的哥们义气，但是不能简单地否定义的积极意义。包含在义的内涵之中的正义仍然是我们崇尚的道德品质。在面临国家、民族生死存亡的关键时刻，我们仍然提倡大义凛然、舍生取义。

家风故事

申包胥为楚求救兵

春秋时期，楚国和吴国是邻国。两国边境的民众因为争夺桑田，导致两国举兵相攻，两国从此结下仇恨。吴王阖闾即位后，采纳了伍子胥和孙武的计策，联合唐、蔡两国军队共同讨伐楚国，在汉水大败楚军，并乘胜攻入楚国郢都。楚昭王逃亡到随国，吴兵随即包围了随国，楚昭王身陷危难。

楚国有个大夫叫申包胥，曾与伍子胥是很要好的朋友。后来楚平王听信谗言，杀害了伍子胥的父亲伍奢和兄长伍尚，还要杀害伍子胥。伍子胥怀着深仇大恨，准备出逃。他走前对申包胥说："我一定要灭掉楚国!"而申包胥说："楚国一旦遇到危难，我一定挺身拯救。"伍子胥后来逃亡到吴国，做了大臣。这次他率吴兵进入郢都后，到处搜寻楚昭王，没有搜寻到。于是他掘开楚平王的墓，抽打了楚平王的尸体三百鞭子，报了父兄之仇。申包胥这时正隐蔽在山中，听说此事后，派人谴责伍子胥说："你这种报仇的方式也太过分了！我听说，一个人虽然凭着一时的凶暴胜天，但天终将降给他灾难，使他失败。你本是平王的臣子，为平王做事，如今却反过来侮辱平王的尸体，这种行为是多么惨无人道啊!"

申包胥为了拯救楚国，毅然上路前往秦国，决心求得秦国的援助。从楚国到秦国，有近两千里路程，中途处处是穷山恶水。申包胥早已置生死于不顾，哪里还怕什么路途的遥远和艰险！他风餐露宿，爬高山，履深谷，涉急流，日夜兼程，不敢休息。带的干粮吃光了，就以山果野菜充饥；鞋磨破了，就光着脚继续前行，脚掌上磨出了厚厚的茧子。由于劳累饥饿，他的身体瘦得像一桩枯木；由于风吹日晒，他的皮肤变得黝黑。经过十几个昼夜跋涉，他终于来到了秦国的都城。

申包胥见到秦哀公，对他说："现在吴国军队进犯楚国，长驱直入，攻破了郢都。我们君主失去了社稷，逃亡在外；我们的百姓流离失所，男女老幼不得安宁。吴国恶如虎狼，毒如蛇蝎。他们占领楚国后，就与秦国为邻了，势必成为秦国的劲敌。如果楚国能得到大王的援助，得以复国，楚人将世代侍奉大王。"

秦哀公无心出兵，只是敷衍申包胥说："寡人知道了。请你先住在馆舍里，等我的决断。"说完就离开了。

申包胥时刻挂念着国家和君王的安危，心急如焚，哪能安心住在馆舍？于是他靠着宫墙痛哭起来，日夜不住声，不吃也不喝，就这样哭了七天七夜。

秦哀公终于被感动了，对臣下说："楚君虽然昏庸无道，却有这样忠贞的臣子。我怎能忍心不救助楚国呢!"于是秦哀公再次接见申包胥，满怀豪情地朗诵了秦国诗歌《无衣》："王于兴师，修我戈矛。与子同仇……与子谐作……与子偕行。"意思是告诉申包胥，秦国将与楚国休戚与共，抗击吴军。申包胥听后连忙叩头谢恩。

秦哀公派五百辆兵车前往救助楚国，在郢都郊外稷丘大败吴兵。这时吴国国内又发生内乱，吴王阖闾只好放弃楚国，撤兵回到吴国。楚昭王重新回到郢都。

楚昭王要封赏申包胥，申包胥推辞说："我不辞辛苦求救兵，是为了保卫国家，而不是为了个人的荣耀。如今国家恢复安宁，我还有什么可求?我如果接受了封赏，不是背离了忠义吗?"于是逃进深山，终身不再露面。

申包胥功成而不居功求赏，表现出无私奉献的爱国精神。忠于祖国，不图回报，这才是真正令人敬佩的忠臣。正因为如此，他的美名永远存在人们心中。

重情重义真好汉

【原文】

嘤其鸣矣，求其友声。

——《诗经》

【译文】

鸟儿在嘤嘤地鸣叫，寻求同伴的应声。

守信立诚

在纷繁复杂的社会中，人和人之间需要理解，需要友谊，需要真诚。然而有的人却拉帮结派、胡作非为、互相利用，将友情建立在一己私利的基础上，最终落得个不欢而散。不过有的人却坚持交友的原则：志同道合，讲求义气。与人交往的时候，只有志同道合、重情重义，才能在一条正义的大道上行走。

巴金说："友情是生命中的一盏灯，离开它，生命就没有了光彩。"确实，友情能给人快乐和勇气，能使人集思广益而不至于孤掌难鸣。那么，究竟要如何建立良好的人际关系呢？

首先，为人要正直，要坦荡、要刚正不阿。在朋友怯懦的时候，我们要给予其勇气，使他更加果敢、充满信念。值得注意的是，朋友可能对你的忠言置之不理，这时，你就要坚持儒家处事中的中庸原则，也就是"义"所延伸出来的权宜变化。但是这样的中庸并不是无原则的油滑态度，而要审时度势，不固执但又合乎道义，重情义、讲义气。

其次，要宽容朋友。对朋友的错误和过失要真诚的给予指正，而不是责备。这才是和朋友交往应该有的真性情。宽容是一种情怀，是一种悲悯，也是在这个世界上对于一花一叶、一草一木的关怀和包容中折射出来的厚重而真挚的情谊。

再次，自己还要见多识广。共同的兴趣和爱好是人际交往的润滑剂，就是和朋友相处的时候要志同道合。这个道就是"信念""目标"，当你的朋友彷徨无助的时候，你可以凭借自己广博的知识帮他排忧解难，这就是施行大义。

因此，我们在人际交往中就应该坚持这种交友之道：正直、诚实、博学，寻找重情重义的益友。这样，志同道合的朋友才会让你有所借鉴，对你有所帮助，于关键时刻挺身而出。

家风故事

聂政誓为知己者死

战国时期，齐国都城临淄，每日熙熙攘攘，云集着各地的客商。一天，在市场一角的屠宰场内，一个赤身露膀、肌肉粗壮的彪形大汉，正准备屠宰一头牛。只见他飞起一脚就把那牛踢倒了，紧接着迅速拿起尖刀捅向牛的心窝，牛挣扎了一下就不动了。围观的人连连喝彩。

这位屠夫就是当时有名的勇士聂政。他为人粗放豪爽，很讲义气。因为不慎杀死了人，被迫带着母亲逃到齐国。

当时的韩国，有个叫严仲子的卿士，与宰相侠累发生了一些矛盾，恐怕遭到杀害，也逃到齐国。到了齐国之后，严仲子四处寻访刺客，积蓄力量，准备报仇。一日，有人告诉他，隐居在齐国的聂政是一名勇士，为人仗义，肯为朋友两肋插刀。严仲子听说后，就到聂政家去拜访，但去了几次，都没好意思提出自己的请求。

此后，严仲子经常到聂政那里去，一来二往俩人就熟了。聂政觉得严仲子为人豪爽，又讲义气，很乐意与他交往。一天严仲子带着 100 两黄金来到聂政家，他把金子放到桌上，然后说："聂兄家里困难，这份薄礼就算我孝敬你家老母，请收下。"

聂政受宠若惊，忙说："使不得，使不得，我与兄萍水相逢，怎能受此厚礼。"

严仲子抓住他的手，非让他收下不可。聂政进一步辩解说："我虽然家贫，但还干着屠夫这个行当，多少挣一点钱，还能养得起母亲。况且母亲平时对我要求很严，这些平白无故而来的钱，无论如何她是不会让我要的。您虽然感到无所谓，可我无功受惠，心里总是不踏实。"

这时严仲子让左右的人退下说："我喜欢那些孝义高行，性情豪放的人，因此云游各国，到处结交一些侠士。我早就听说过您的大名，所以前来拜访。这点小礼，只是为了资助您的衣食之用，没有别的意思。再说，我有过仇人，以后还可能需要你帮忙。”

聂政终于明白了来意，答道：“我现在还要供养母亲，老母在，我不敢轻易以身许人。”严仲子一看没办法，只得辞谢而去。

不久，聂政的母亲因病去世了。丧事办完后，聂政独自思量：我只是一个埋没于市井之间的庸碌之徒，毫无德才可言，却得到严仲子那样豪门贵族的厚爱，并且不远千里跑来与我结交。士为知己者死，我一定尽力报答。

于是聂政来见严仲子说：“过去因为要侍奉老母，没敢轻易答应您所求之事，现在母亲过世了，您有什么仇要报，就请吩咐吧。”

严仲子看到聂政不请自来，很受感动，就说：“我的仇人就是韩国宰相侠累，他是国君的叔父，平时护卫众多，防范很严，我虽然多次派人刺杀，但都未能得手。今日蒙聂兄不弃，主动来帮忙，我一定多派一些人帮助你。”

聂政连忙辞谢说：“我们要刺杀的是韩国的宰相，并且他还是国君的叔父，这样看来用人不宜过多，人太多，被抓住活口，事情肯定要暴露。如果那样，韩国国君就会把你当成仇人，动用全国的兵力来攻打你。”说完就独自一个人带着剑出发了。

到了韩国，聂政一个人偷偷混进相府，趁人不注意，把侠累一剑捅死了。听到宰相的惨叫声，府内一片大乱，卫士们纷纷围上来。聂政左冲右突，看到自己实在跑不出去，就先把自己的面目毁坏，然后剖腹自杀了。

国君听说自己的叔父被刺，感到很气愤，下令仔细追查。可聂政把自己的面目毁坏，实在无法辨认，国君一点线索也没查到。

聂政这种“为知己者死”的侠义精神，令人起敬。

关羽华容捉放曹

赤壁一役，曹军大败，曹操及所剩兵马落荒而逃。这时，天色已微微发亮，黑云笼罩大地，东南风还在“呼呼”直吹。忽然间大雨倾盆而下，曹军冒雨前进几个时辰，已是人困马乏，饥寒交迫。

突然前面军士禀告：“前面有两条路，请问丞相从哪条路走？”

曹操问：“哪条路近？”

军士说：“大路稍平，却远50里；小路通往华容道，却近50里，只是道窄路险，坑多难行。”

曹操令人细心观望。不久探军回来报告：“小路山边有数处烟起，大路并没有动静。”

曹操教前军走华容道小路。诸将问道：“烽烟起处，必有军马，为何反走此道?”

曹操说：“岂不闻兵书有云：虚则实之，实则虚之。诸葛亮多谋，故使人于山僻烧烟，使我军不敢从这条道上去，他却伏兵在大道上等着。”

诸将听后都连连称是。

当时正值隆冬严寒之际，曹军个个苦不堪言。走了一段路程，道路变得平坦，众将说：“丞相，众将士皆已困乏，让我们稍事休息吧!”

曹操说：“赶到荆州再休息也不迟!”

又行不到数里，曹操在马上扬鞭大笑。众将问道：“丞相何故大笑?”

曹操说：“人皆言周瑜、诸葛亮足智多谋，依老夫看来，到底是无能之辈，如果在这里埋伏兵力，我们只能束手就擒。”

曹操话未说完，只听一声炮响，两边500军士整齐摆开，为首大将关云长，手擎青龙刀，身跨赤兔马，截住去路。曹军见了，个个胆战心惊，面面相觑。

曹操说：“既到此处，只得决一死战。”

众将说：“人纵然不怯，马力已乏，安能再战?”

曹操的一员大将说道：“丞相，我平日听说，关羽这人傲上而不忍下，欺强而不凌弱，恩怨分明。丞相从前对他有救命之恩，如果您去与他交涉，或可脱险。”

曹操也没有别的办法只得硬着头皮纵马向前，欠身对关羽说：“将军近来可好!”

关羽答道：“我奉军师之命，在此等候您已多时了。”

曹操说：“曹操失败势危，到此无路。望将军以昔日之情，放我一条生路。”

关羽说：“昔日我虽承蒙您的厚恩，然而我已斩颜良、诛文丑，解白马之围，以作为报答了。今日之事，岂能以私人情意放走您呢?”

原来，当年刘、关、张三兄弟兵败失散，关羽保护着刘备的夫人，在走投无路的情况下，被曹操收留。曹操为争得关羽归服，对他们照顾得十分周到，三天一小宴，五天一大宴，关羽很受感动。

关羽是个义重如山的人，回想起这些，虽然话已说出，但已心动。又见曹军惶惶，皆欲垂泪，更加于心不忍。于是把马头勒回，告诉众官兵：“四散摆开。”

这分明是放曹操的意思，曹操见关羽回马。便和众将一齐冲过去，关羽回身时，曹操已与众将过去了。关羽大喝一声，曹军将官都从马上下来，跪地哀求。关羽更加不忍心了。正在犹豫间，张辽纵马到了眼前，关羽见了，又动了怜悯之情，长叹一声，全都放了。

后来有人为此写了一首诗：

曹瞒兵败走华容，
正与关公狭路逢。
只为当初恩义重，
放开金锁走蛟龙。

义重如山的关羽，把“义气”看得比生命还重要，宁让人负于已，决不负于人。这与阴险奸诈、“宁可我负天下人，不让天下人负我”的曹操恰好相反。华容道“捉放曹”，虽然放虎归山，铸成大错，但也铸造了他流芳千古的“义”名。

企业经营勿忘义

【原文】

子曰：义之所在，不倾于权，不顾其利。

——《论语·里仁》

【译文】

孔子说：对于道义，不能因为权势而动摇，不能因为利益而有所顾忌。

守信立诚

在孔子看来，君子明白的是道义，小人懂得的是利益。君子注重义，行事以义为标准。小人注重利，所以行事易追逐利益。和君子交往主要是讲道德、礼义，和小人交往就只能讲利益。孔子还说："明智的领导者知晓义理，平民知晓他自己的利益。智慧之人明白按照圣人的话分辨善恶、革故鼎新，愚昧之人只晓得追求私利。"

生活中，人们为了利益不惜弃亲情和友情于不顾的事情多有发生，这就违背了做人的基本道义。善是做人的品德，是根本和本分。

在当今形势下，讲求道义才能使自己立于不败之地。如果为了一己私利，丧失正义感，就可能会偏离正道。现代社会中的很多人都是借着改革的春风先富裕起来的，可他们中的一些人却为非作歹，得意忘形，看不起穷人。这是没有良心且缺失正义感的人。而有些人，在自己富裕之后，还能去扶持穷人，是行大义的表现。所以，企业家应当先爱国，讲道义，利用自己的实力和影响，带动年轻人创业，回报和反哺社会。

心里有义，必有大爱。摒弃利欲，张扬善义，如此，整个社会才会更加进步和谐。

家风故事

弦高舍财退秦师

公元前 627 年的一天清早，一阵清脆的马蹄声踏破秦宫周围的宁静，只见一个信使飞身下马，向卫兵递上一封信件，卫兵一见信上的特急密件标志，不敢怠慢，立即传进宫去。

睡眼惺忪的秦穆公，扫了一眼信件的签名："杞子!"精神顿时振作起来，一口气把信读完。原来杞子是一名大将，三年前被穆公派往郑国协助郑军守北城，这一年，郑文公去世，杞子以为这是里应外合进攻郑国的好时机，便差人密告秦王："郑国北门在我手中，若派兵速来偷袭，很容易得手。"

秦穆公求胜心切，马上任命孟明视为主帅，率领兵车三百，偃旗息鼓，悄悄向郑国进发。行军途中，秦军十分谨慎，一路上竟未遇到任何阻拦，不久便静静地踏入南接郑国的滑国境内。孟明视等眼看即将兵临城下，郑国还在梦中，偷袭之计即将大功告成，不禁喜形于色。

秦将正在得意之际，冷不防路旁闪出一人拦住去路，只听来者高声说道："郑国使者求见秦国主将。"

孟明视一听，简直不相信自己的耳朵。"谁，谁来求见?"

来人又朗声复述："郑国使者弦高，特来求见秦军主将。"

这回孟明视听清楚了，心中不禁大惊，下令立即叫来人到马前，问道："你是何人，何事求见?"

来人友善地说道："敝人弦高。我国国君听说将军远道而来，因时间仓促，来不及写信给您，恐怕对你们失礼，特派小臣赶牛来此拜候，先赠薄礼一份犒劳贵军，物轻义重，务请收纳。"

说罢，他把礼单奉上，随后献上 4 张熟牛皮和 12 头肥壮的菜牛。

秦军偷袭郑国本想出其不意，攻其不备，如今大军才入滑国，郑国就派了使者前来犒劳，岂不意味着已有准备了吗？孟明视见偷袭不成便随机应变，顺水推舟，一面收下礼物，一面冠冕堂皇地说："听说贵国国君新丧，吾君唯恐晋国乘机进犯，所以特命我部前来协助防卫。"

弦高接着回答："郑国夹在大国秦、晋之间，为了国家安全，不得不日夜守卫，不怕有来犯者，请将军放心。"

孟明视又问："如此看来，郑国不用我军援助了吧!"

弦高答道："我们国家虽然实力单薄，为贵军的到来早已做好了准备。若你们想在郑国驻扎，我们就准备住房和粮草；若是路过，那就负责一夜的警卫。"

孟明视听后向副将使了个眼色，对弦高说："我们这次来不是前往郑国，何必如此费心呢？还是请你回去吧!"

弦高走后，孟明视觉得不能空手而归，于是与众部将商量，改变了行进方针，拨转马头，向与郑国相邻的滑国进行袭击。

狡猾的秦将自作聪明，以为骗过了郑国。可是，他们做梦也没想到，上当的恰恰是他们自己。原来弦高根本不是郑国使者，只是一个地位卑下的贩牛商人。

那天，弦高正赶着牛群前往周朝首都洛阳做生意，在路上从行人口中得知秦军即将偷袭郑国，不禁心急如焚。他想，秦国是虎狼之国，而郑国国君新丧，毫无准备，怎能抵挡住秦军呢？赶回去报告，已来不及了。国难当头，一定要设法解救。弦高绞尽脑汁，终于想出一条缓兵之计：一面派人日夜兼程回国，急报郑军；同时，自己假充郑国"使者"，送牛犒劳，好使秦军知道郑国已有准备，打乱秦国的偷袭计划。

弦高是一个普通的商人，在国难当头之际临危不惧，舍财取义，智勇双全，显示了他非凡的胆略和机智。

义是行为之根本

原典赏读

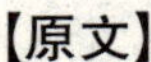

【原文】

朱熹曰：义者，天理之所宜。

——《论语集注·卷二》

【译文】

朱熹说："义是天理所在啊。"

守信立诚

朱熹说："君子有所为，有所不为，只要是合乎天理，'义'之所在，就应当全力以赴。"义，旧体作"義"。上面是"羊"，代表祭牲；下面是"我"，由兵器引申为仪仗。所以义的本义指的是因其神圣而必须隆重供奉的行为宗旨和社会准则。

义，不仅是中华文明，同时也是人类文明的重要核心组成部分。那么，义究竟是什么？它是一种生命的章法。生命就是进取，就是欲望。人，每时每刻都生活在各种互相矛盾的欲望冲突之中。这就决定了必须有一种欲望可以担当得起穿越混沌引领万象、归纳所有欲望主题的统帅，否则人生就会变得杂乱无章，也就没有任何方向可言。

人和人的相处也是一样，无时无刻不是浸淫于各种相互矛盾的利益关系之中。正是由于人们不满足于简单遵循弱肉强食的动物法则，于是就运用心灵的智慧去宇宙的深处探求更加高级的"道理"——义，人类方才依靠渐渐积累的文明获得了动物永远无法获得的利益和进步，进而成为人类。所以，义，作为一种生命的章法，它不是一种个人的东西，而是人类共有的主动寻

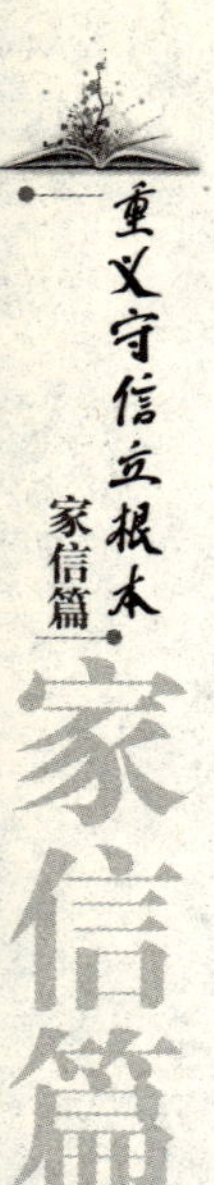

求与天道契合的一种境界，是人类脱胎于动物并不断进步的核心元素，是全人类的灵魂。世上如果没有了义，自然也不会存在人。

家风故事

苏武持节守大义

北风呼啸，大雪纷飞，在寒风凛冽的北海 (即贝加尔湖，今俄罗斯境内) 岸边，一位牧羊老人双手摩挲着一段出使用的竹节，眼巴巴地望着南方，喃喃地说："皇上啊，我什么时候才能回到大汉朝啊!"

这位牧羊老人就是我国西汉时期著名的人物——苏武。西汉汉武帝派他出使匈奴，被匈奴扣留，流放到北海牧羊。

西汉王朝在当时十分强大。同时在西汉的北方有一个少数民族——匈奴，经过发展也很强大。汉武帝为了建立和发展同匈奴的友好关系，派苏武作为使者出使匈奴。可是天有不测风云，等到苏武历尽艰辛到达匈奴时，匈奴内部发生了大乱，原来的匈奴单于被推翻，即位的新单于同汉朝不友好。有一天，单于把苏武等汉朝使者召到大帐，他用眼睛扫了一下苏武等人，阴险地说："大汉使者，看来你们是回不去大汉朝了，还是留在我们匈奴吧，我保证不会亏待你们，要官有官，要财产有财产。"

"我们是大汉朝的奉命使者，决不会投降你们匈奴，你们还是死了这条心吧。"苏武鄙夷地看着单于说。

"要是我不放你们回去呢?"

"即使我死了，我的尸骨也要运回到大汉王朝去。"苏武义正辞严地说。

匈奴单于无论怎么引诱苏武投降，苏武就是不答应。最后，匈奴单于恶狠狠地说："那我就让你们一辈子留在匈奴，到死也回不到大汉朝。"

匈奴单于把苏武等人流放到气候条件异常恶劣，荒无人烟的北海去放羊，并且对苏武说："除非等到公羊生了小羊的时候，你才可以回到大汉朝去。"

冬季来临了，北海寒风刺骨，冰雪覆地，苏武穿着破衣服，住在四面透风的破帐里，整天冻得发抖。并且匈奴不给他任何吃的东西，苏武只能挖地下的野鼠和采集草籽充饥。但所有这一切，都没有使苏武屈服。

与苏武同行的汉朝使者大都投降了匈奴。一天，早已投降匈奴的李陵求见他，苏武鄙夷地看着他，冷冷地说："你不在匈奴大帐里做官，到我这破地方干什么？"

李陵假惺惺地说："你看这里条件多苦啊，哪能在这里过一辈子呢？我看你还是投降匈奴算了。"

"我是大汉朝的使者，我只知道忠于大汉朝。我决不会投降，如果我像你一样投降的话，就不至于到了这个地步，可是我不是你。"

李陵还不死心，又说："我念咱们都是汉朝人，我可以在匈奴单于面前替你求个情，保证你……"

"你身为汉朝大将，却不守节义，投降匈奴，像你这样认贼作父的小人有何脸面来见我，你马上给我滚回去。"

没等李陵说完，苏武厉声打断他的话。

这样，苏武在北海过了十几年，其间匈奴多次派人威逼利诱，但苏武始终没有动摇。他在放羊时每天都拿着出使匈奴时带来的汉节，睡觉时也手握着汉节。天长日久，汉节上的旄尾都脱落光了，汉节也被摸得光亮。每当看到汉节，就想起了大汉朝，更加坚定了他回到大汉朝的决心。

后来，西汉汉武帝病逝，汉昭帝即位，匈奴和汉朝重新恢复了友好关系。匈奴也终于答应将苏武放回汉朝。汉昭帝以隆重的礼节接待了从匈奴归来的苏武，对他大加赞赏，加官晋爵，给他许多非常优厚的待遇。

苏武在匈奴前后共被扣留了 19 年，他出使匈奴时正值壮年，等到他回到汉朝时，头发和胡子全白了。

苏武作为一名汉朝使者，被匈奴扣留 19 年，能在条件恶劣、时间漫长的人生中表现出坚贞的民族气节，是多么不容易啊！所以他的名字才能流芳千古。

黄浮大义斩徐宣

东汉末年，皇帝昏庸，宦官掌权，民怨沸腾。这时一个不畏权势的官员挺身而出，大义斩宦。他就是东海郡行政长官东海相黄浮。

东海郡的下邳县，有个地痞无赖徐宣，仗着被皇帝封为“五侯”之一的叔叔宦官徐璜的权势，捞到了下邳县县令的职位。其实，他是个无恶不作的小人，下邳县百姓都敢怒而不敢言。

这一天，徐宣又看中了前汝南郡太守李暠的女儿，便在打手们簇拥下闯进李府。李暠赶忙拦住他们，气愤地说：“你们要干什么?”

“你家有喜啦，我们县太爷要娶你女儿，快叫她出来吧!”一个油头粉面的恶棍说。

李暠气得直哆嗦，怒喝道：“我女儿绝不会嫁给他这样的人!”

打手们推开李暠，不由分说冲进内宅抢走了李小姐。可怜李暠手无缚鸡之力，气得当场昏倒。

徐宣嬉皮笑脸地在内室对李小姐说：“小姐从了我，保你享不尽的荣华富贵。”说着便要动手动脚。

“啪!”冷不防李小姐使出全身力气打了徐宣一个耳光，怒斥道：“你叔父欺君害国，贪赃枉法，早已激起民愤。你这个狗仗人势的东西，糟蹋了多少良家女子。今天竟敢青天白日，抢劫大臣的家眷，触犯王法……”

“王法？哼！我就是王法。”徐宣摸着火辣辣的脸说。

“衣冠禽兽!”李小姐继续大骂。

徐宣脸色发青，大吼一声：“来人，把她捆起来，我倒要看看这个小贱人能强硬多久!”手下的人七手八脚把李小姐捆了个结实，拖至后花园。

徐宣指着李小姐的脸说：“你今天到底从不从我?”

“呸!”李小姐骂道：“你天理难容，我死也不从!”

徐宣擦去脸上的痰，咬牙切齿地说：“那我就成全你”。环顾左右喊道：“叫弓箭手来!”一会儿弓箭手蜂拥而来，徐宣咆哮说：“拿弓箭给我射这小贱人!”顷刻，李小姐惨死在利箭之下。

东海相黄浮听说徐宣竟敢在光天化日之下抢前太守李暠之女，还残忍地加以射杀，勃然大怒。立刻命令：“把徐宣和他的打手、爪牙捉拿归案，一个也不能少!”

原东海郡官员劝告黄浮说：“徐宣的叔父手眼通天，朝廷里没人敢惹，这件事关系重大，弄不好会招来大祸，请大人三思啊!”

黄浮正气凛然，“我早就知道徐宣仗着叔父的权势，无恶不作，无奈下邳县百姓畏惧他的权势，不敢告他，正所谓‘民不举，官不究’。如今徐宣竟无视朝廷命官眷属，无故辱掠射杀，我们拿着国家俸禄而不维护国家法纪，于心何忍？为效忠国家，为民除害，我甘愿冒死除去这个祸害!”

于是徐宣等被关进了监狱。为了杀一儆百，黄浮决定处死徐宣，并曝尸三天。

执刑那天，东海郡可热闹了，刑场上人山人海。下邳县饱受欺凌的百姓无不拍手称快，李暠也挤在人群中，老泪纵横地说：“东海相啊，你可为民做了一件天大的好事!”

徐宣的叔父在京城里听说他的侄子被黄浮处死，还曝尸三天，就怒气冲冲地去向桓帝哭诉：“徐宣一向爱护百姓，只是黄浮宠信刁民，袒护李家，擅杀官员……”宦官们同病相怜，在旁边添油加醋地说：“徐宣是徐侯爷的爱侄，黄浮杀他分明是对抗皇上啊!”

糊涂的桓帝，听信了宦官们的诬告，下令逮捕黄浮，并丢进监牢。

在黑暗的封建社会，东海相敢于不畏权势，置个人安危于不顾，禀大义为民除害，这是非常难能可贵的。

舍生取义不失节

【原文】

孟子曰：生，亦我所欲也，义，亦我所欲也。二者不可得兼，舍生而取义者也。

——《孟子·告子上》

【译文】

孟子说：生命是我所喜爱的，大义也是我所喜爱的，如果这两样东西不能同时都具有的话，那么我就只好牺牲生命而选取大义了。

守信立诚

孟子的："生，亦我所欲也，义，亦我所欲也。二者不可得兼，舍生而取义者也。"与上一句"鱼，我所欲也，熊掌，亦我所欲也。二者不可得兼，舍鱼而取熊掌者也"的句式相同，并且在此基础上将意义进一步引申。孟子用人们生活中熟知的具体事物打了一个比方：鱼是我想得到的，熊掌也是我想得到的，在两者不能同时得到的情况下，我宁愿舍弃鱼而要熊掌；生命是我所珍爱的，义也是我所珍爱的，在两者不能同时得到的情况下，我宁愿舍弃生命而要义。在这里，孟子把生命比作鱼，把义比作熊掌，认为义比生命更珍贵。就像熊掌比鱼更珍贵一样，这样就很自然地引申出了"舍生取义"的主张。

孟子对舍生取义精神的颂扬，对后世产生了良好的影响。历史上许多志士仁人把"舍生取义"奉为行为的准则，把"富贵不能淫"奉为道德的规范，为国家和民族作出了贡献。南宋民族英雄文天祥在《过零丁洋》诗中说："人生自古谁无死，留取丹心照汗青。"现代无产阶级革命烈士夏明翰在《就义诗》中说："砍头不要紧，只要主义真。"这都是"舍生取义"精神的表现。

家风故事

浩然正气文天祥

南宋末年，蒙古统治者不断地向南方进犯，面对强悍的蒙古铁骑，作为右丞相的文天祥力主抗元。

当元军沿江东下，直逼京城临安的危急关头，文天祥在江西变卖家产充作军费，组织义军保卫临安。

元军很快打到临安附近，懦弱的南宋官员纷纷主降，文天祥受命去元军营中谈判，不料元军不讲信义，扣留了文天祥，并押往蒙古的首都。路上，文天祥乘元军不备，在镇江逃脱了。历尽千难万险，终于回到了福建，和张世杰、陆秀夫等联合起来继续抗元。

随后，他又带领义军来到江西一带，招兵买马，并收复了一些州县。可惜，双方力量悬殊，不久，文天祥又被元军打败了，在海丰附近的五坡岭被俘。

"文丞相，久违了。"元将张弘范看见文天祥，满脸堆笑地上前相迎。文天祥却转过身体，以脊背相对。

"文丞相，你的为人，我一向敬佩。古人说，识时务者为俊杰，只要你写一封信给张世杰，叫他投降，那样，我们的皇帝还可以让你当丞相。"张弘范恬不知耻，仍厚着脸皮劝文天祥投降。

"无耻之尤!"文天祥怒斥道。

"文丞相，刚者易折啊!"张弘范仍不死心。

"宁折不弯!"文天祥针锋相对。

张弘范恼羞成怒，"嗖"地抽出寒光逼人的宝剑说："文天祥，我看你

硬还是我的剑硬？”

“那就试试吧！”文天祥坦然自若，大步向剑尖撞去。

“别、别，文丞相，何必轻生呢？你还是给张世杰写封信吧！”张弘范吓得连连后退，祈求说。

“好！拿纸笔来，我写！”文天祥站住了。

“是！是！”张弘范喜形于色，点头应承着赶紧去取纸笔。文天祥接过纸笔，毫不犹豫地写下了流传千古的《过零丁洋》诗：

辛苦遭逢起一经，干戈寥落四周星。
山河破碎风飘絮，身世沉浮雨打萍。
惶恐滩头说惶恐，零丁洋里叹零丁。
人生自古谁无死，留取丹心照汗青。

写完后，文天祥把笔丢到一边，冷笑着说：“你拿去吧。我兵败被俘，再不能捍卫父母之邦，已深感无地自容，怎能写信去叫别人背叛国家呢？只有你这样的软骨头，才甘心做元军的奴才！”

元军灭掉南宋后，张弘范又来劝降：“现在南宋已亡，你的责任已尽，如果你能投降元朝，仍会飞黄腾达的。”

“国家灭亡不能救，我已死有余辜，怎么还敢苟且偷生呢！你不必废话了，要杀要剐全由你了。”文天祥视死如归，大义凛然。

元朝统治者看到劝说无用，就把文天祥上了刑具，关进又湿、又冷、四壁透风的牢房里，企图以此消磨他的意志。一关就是四年，经历了无数的苦难与折磨，但却丝毫也没有动摇他的满腔报国之志，并写下了《正气歌》等著名的诗篇，表达了自己决不贪生怕死，屈膝投降的决心和忠君爱国的浩然正气。

文天祥宁死不屈的精神，很受元世祖忽必烈的赏识。最后，忽必烈决定亲自劝导文天祥。

见了元世祖，文天祥昂首而立。忽必烈的手下强行要他下跪，文天祥从容地说：“宋朝已亡，我再无可跪之人，只想早一点死，别无所求。”

“你只要用对待宋朝的心对待我，我仍让你做丞相。”文天祥仍不理睬。忽必烈又说：“只要你愿意，做什么官由你选。”

“我只求一死!”文天祥斩钉截铁地说。

“我只有成全你的一份民族大义了!”忽必烈无奈，只得给文天祥定了死刑。

“我要面朝南方去死。”行刑时，文天祥对刽子手说。临死时，他仍没有忘记自己的祖国。

“舍生取义”，文天祥为了民族大义，宁可抛弃荣华富贵，毅然选择了死，以全大义。

大义内存能压邪

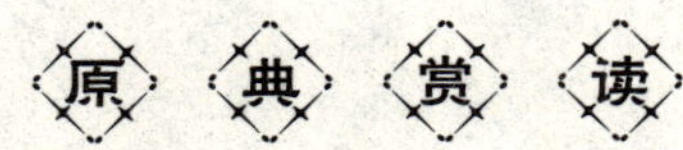

【原文】

墨子曰：“夫倍义而乡禄者，我常闻之矣；倍禄而乡义者，于高石子焉见之也。”

——《墨子·耕柱》

【译文】

墨子说：“背弃道义而追求爵禄的人，我经常听说到；舍弃爵禄而追求道义的人，却在高石子身上见到了。”

守信立诚

俗话说“邪不压正”，正气是遏制邪念的根本。何谓正气？正气是一种品格，一种胸襟、一种气概。一个人一旦有了凛然正气，就会刚正不阿，胸怀坦荡。即使面对威逼利诱，也能镇定自若，处变不惊，进而达到“富贵不能淫，贫贱不能移，威武不能屈”的高尚境界。有了这种大义存于胸中，邪不可侵。

高石子，墨子的弟子之一。墨子曾经让他的另一位弟子管黔敖举荐高石子到卫国做官。卫国的国君给了他很高的爵位和优厚的俸禄，但是高石子三次朝见卫君，每次都竭力进言，遗憾的是卫君都没有采纳施行，于是高石子毅然决然地辞去了卫国的高官厚禄。这种“背禄向义”的高尚品行受到墨子的赞赏。在这里，“禄”与“义”实际上就是代表了“个人私利”和“公共道义”的两种不同的价值取向。墨子所倡导的“义”，是以“兴天下之利，除天下之害”为根本目的或价值追求的。在墨子心中，万事莫贵于“义”。

“义”是天下的真正良宝，是比生命更贵重的东西，更何况高官厚禄这些身外之物。因此，为人处世必须以“义”为准则，符合道义、利于天下的事情，就去做；不符合道义、不利于天下的事情、就坚决不能做。

由此我们不难理解，正气是大义大德造就的，是不能靠伪善或是挂上正义与道德的招牌就能获取的。因此，一个内心充满正气的人，本身就是道德高尚之人，也正是因为如此，他才不会生出一些自私邪恶的念头，更不会因为受到威胁或利诱而屈服。

家风故事

荆轲秉义刺秦王

战国末期，秦国已成为凌驾于其他六国综合实力之上的强国。不可一世的嬴政，野心勃勃，他想吞并六国，一统天下，因此，不断命令军队进犯各小国。一度在秦国为人质以求与秦结盟的燕太子丹，也被赶回了燕国，燕国已危在旦夕。

为了保全燕国，也为了报复秦王对自己的苛毒，太子丹决心不惜一切代价，寻找智勇双全的义士刺杀秦王。可是，重金易得，义士难求。太子丹寝食不安。

功夫不负有心人。不久，太子丹就从大臣田光那里得知荆轲是一个为人豪爽，武艺高强的侠士。为了能得荆轲相助，太子丹亲自到荆轲的住处，跪地叩头恳请：

“荆侠士，为了燕国百姓和我们的国家，请您助我一臂之力。我将终生感激您的!”

“太子请起，勇士在世，不留英名就白活一回。目前国家危难，正是我报国之时，太子请吩咐。”

面对虔诚跪地的太子，荆轲连忙施礼，他被礼贤下士的太子深深感动了。

自从荆轲答应刺秦王后，太子丹无比激动，为了补偿荆轲的牺牲，他每日里将荆轲奉为上宾，锦衣玉食，良宵美酒，歌舞美女……然而，荆轲并没有沉迷，他在苦思冥想：如何见到秦王，取信于他，用什么武器杀死秦王，怎样刺杀？

“樊於期!”荆轲想到了在燕国避难的秦臣樊於期，想用他的生命换取秦王的信任，可太子丹却不忍心，荆轲的心情好沉重、好为难。

“樊於期自杀了!”为了感谢太子丹的收留之情，也为荆轲刺秦的成功添力，樊於期留书自杀了。

“风萧萧兮易水寒，壮士一去兮不复返!”

凄凉的晚风轻拂着身穿丧服的太子丹等人悲伤的面颊，泰然自若的荆轲，面向滔滔易水，放声高歌。风在低泣，水在呜咽，为勇士的无畏和凛然。送行的人长跪河岸为荆轲祈祷。

一曲唱完，荆轲接过太子丹捧上来的壮行酒，仰天长啸，一饮而尽，带上樊於期的头颅，拿起包有匕首的地图，毅然跳上马车，策马扬鞭，义无反顾地奔向了秦国。他那随风飘动的长发，那激昂悲壮的歌声，那鼓荡的衣衫和长长的利剑，伴着他视死如归的坚毅面庞，永远刻在了尊敬他的人们心中。

为了大义，荆轲不惜牺牲年轻的生命。他虽没能成功，但他的精神，他的气概永为人们称颂。

第九章

见利思义：树立正确的义利观

随着经济的发展，道德和金钱的关系问题日益凸显。正确看待和处理义利关系，是一个关系到做人、立身的重大社会问题。儒家思想中的义利观，对于现代社会中浮躁而急功近利的人，具有很好的指导作用：正确对待财富；学会利用人脉获取利润；符合道义，取之无妨；有正确的道德取向，即使富裕了也要做道义之事。“见利思义”不仅是我们要传承的家风，更是整个中华民族要传承的美德。

淡泊名利事业成

【原文】

好利者，逸出于道义之外，其害显而浅；好名者，窜入于道义之中，其害隐而深。

——洪自诚

【译文】

贪求利益的人，所作所为逾越道义之外，所造成的伤害虽然明显但不深远；而贪图名誉的人，所作所为隐藏在道义之中，所造成的伤害虽然不明显却很深远。

守信立诚

人有名利之心，可以理解，但却不能为名利所惑而迷失自己。贪求利益的人，所作所为逾越道义之外，所造成的伤害虽然明显但不深远；而贪图名誉的人，所作所为隐藏在道义之中，所造成的伤害虽然不明显但却很深远。好利害浅，好名害深，名为缰，利为锁，都会束缚人的正常发展，给人们带来伤害。人若没有长远眼光，贪图眼前小利，则会因小失大。人若不能淡泊名利，沽名钓誉，则会贻害终身。君子爱财当取之有道，君子好名也当实至名归。

君子取义成仁，历来为人所推崇，至于名分利益，根本不在他们的考虑范围之内。贪图名利，尤其是与自己才能不符的名利，往往会弄巧成拙，使自己蒙羞受辱。淡泊自守是一种福分，看不透名利，只能是害人害己。

家风故事

公仪休不因小失大

从前，鲁国的宰相公仪休非常喜欢鱼，赏鱼、食鱼、钓鱼、爱鱼成癖。

一天，府外有一人要求见宰相。从打扮上看，像是一个渔人，手中拎着一个瓦罐。渔人见到公仪休急步来到他面前，伏身拜见。公仪休抬手命他免礼，看了看，不认识，便问他是谁。

那人赶忙回答：“小人子男，家处城外河边，以打鱼为业糊口度日。”

公仪休又问：“那你找我所为何事，莫非有人欺你抢了你的鱼了?”

子男赶紧说：“不不不，大人。小人并不曾受人欺侮，只因小人昨夜出去打鱼，见河水上金光一闪，小人以为定是碰到了金鱼，便撒网下去，却捕到一条黑色的小鱼。这鱼说也奇怪，身体黑如墨染，连鱼鳞也是黑色，几乎难以辨出。而且黑得透亮，仿佛一块黑纱罩住了灯笼，黑得泛光。鱼眼也大得出奇，直出眶外。小人素闻大人喜爱赏鱼，便冒昧前来，将鱼献于大人，还望大人笑纳。”

公仪休听完，心中好奇，公仪休的夫人也觉纳闷，便叫子男将手中拎的瓦罐打开，果然见里面有一条小黑鱼，在罐中来回游动，碰得罐壁乒乓作响。公仪休看着这鱼，忍不住用手轻轻敲击罐底，那鱼便更加欢快地游跳起来。

公仪休笑起来，口中连连说：“有意思，有意思，的确很有趣。”

公仪休的夫人也觉别有情趣，那子男见状将瓦罐向前一递，道：“大人既然喜欢，就请大人笑纳吧。小人告辞。”公仪休却急声说：“慢着，这鱼你拿回去，本大人虽说喜欢，但这是辛苦得来之物，我岂能平白无故地收下。你拿回去。”

子男一愣，赶紧跪下道：“莫非是大人怪罪小人，嫌小人言过其实，这鱼不好吗?”

公仪休笑了，让子男起身，说：“哈哈哈，你不必害怕，这鱼也确如你

所说非常喜人，我并无怪罪之意，只是这鱼我不能收。”

子男惶惑不解，拎着鱼，愣在那里，公仪休夫人在旁边插了一句话：“既是大人喜欢，倒不如我们买下，大人以为如何？”

公仪休说好，当即命人取出钱来，付给子男，将鱼买下。子男不肯收钱，公仪休故意将脸一绷，子男只得谢恩离去。

又有好多人给公仪休送鱼，却都被公仪休婉言拒绝了。

公仪休身边的人很是纳闷，忍不住问：“大人素来喜爱鱼，连做梦都为鱼担心，可为何别人送鱼大人却一概不收呢？”

公仪休一笑，道：“正因为喜欢鱼，所以更不能接受别人的馈赠，我现在身居宰相之位，拿了人家的东西就要受人牵制，万一因此触犯刑律，必将难逃丢官之厄运，甚至还会有性命之忧。我喜欢鱼现在还有钱去买，若因此失去官位，纵是爱鱼如命怕也不会有人送鱼，更不会有钱去买。所以，虽然我拒绝了，却没有免官丢命之虞，又可以自由购买我喜欢的鱼。这样不是更好吗？”

众人不禁暗暗敬佩。

公仪休身为鲁国宰相，喜欢鱼，却能保持清醒，头脑冷静，不肯轻易接受别人的馈赠，这实在很难得。有些事，表面看来能获得暂时的利益，但从长远来看，却“因小失大”，做事灵活的人绝不会被眼前的利益所迷惑。

不诱于誉，不恐于诽

【原文】

不诱于誉，不恐于诽。

——《荀子·非十二子》

【译文】

不为虚名所诱，不因诽谤而惧。

守信立诚

人生在世，可谓“人过留名，雁过留声”，每一个人都不想默默无闻、庸庸碌碌地活一辈子，追名逐利是人之常情。然而，有得必有失，为名利所付出的代价到底值不值呢？为了家庭和睦兴旺、为了公众事业、为了民族和国家的利益，付出多少都是值得的。不过，一个人对名利过分的追求——不择手段地去争取，那必将受到名利的束缚，弄不好还会导致很多人不愿意看到的下场。比如，父子不和、君臣猜疑、兄弟反目成仇，等等。朱熹就曾经说过：“凡名利之地，退一步便安稳，只管向前便危险。”

一个人如果能够淡泊名利，就能保持心灵的纯真。如果我们能够真正做到持久坚韧和淡泊，不贪图世间虚名，坚持不懈地追求生命本质的意义，就能眼界开阔，意志坚定，在事业上无往不胜。人生得失，不在于同他人争名利、地位上的得失高下，而在于求得自己智慧与能力上的提升。

别把人生的意义局限在对名利的追逐，名利只是身外之物，如果我们能够躲过名利的陷阱，就不会为名利所劳累、为名利而生存。如果能够真正体味生活中的艰难险阻与沉浮，就能在痛苦辛酸中得到磨砺，在一次次沉浮与磨砺中，使我们的生命更加光彩照人。

家风故事

互相谦让博美名

汉朝文帝时，天下初定，百废待兴，君臣为此同心协力。一次早朝上，汉文帝发现丞相陈平没上朝，便问：“丞相陈平为何没有来？”站在下面的太尉周勃站出来说：“丞相陈平正在生病，体力不支，不能叩见皇上，请皇上谅解。”

汉文帝心里纳闷，昨天还见他好好的，怎么今日就病了？不过他不动声色，只是说：“好，知道了，退下吧。”

退朝后，汉文帝亲自到陈平家去探视。见到陈平，汉文帝说：“今天听太尉说你病了，特地前来探望，不知是否请过御医诊视？你年岁大了，有病可不能耽误啊！”

汉文帝此举使陈平非常感动。他觉得不能再隐瞒下去了，便对汉文帝说了心里话：“皇上太仁慈了，可我对不起皇上的一片爱臣之心，我犯了欺君大罪啊！”并借此机会说出了欲把相位让给周勃的想法。汉文帝接着问：“你这样做到底是为什么呢？”

陈平解释说吕后死后，诸吕结党，欲谋叛乱，自己与太尉周勃共同努力，才将诸吕一举消灭。陈平认为新帝继位，应论功行赏。周勃消灭吕氏集团，功劳远远高于自己，自己应该把丞相的位子让给周勃。接着，他又诚恳地说：“高祖在时，周勃的功劳不如我；除诸吕时，我的功劳不如太尉。所以我愿意把相位让给他，请皇上恩准。”

汉文帝对消灭诸吕的细节一概不知，他是在诸吕倒台后，才被陈平和周勃接到长安的。听了陈平的解释，才知周勃立下了大功，便同意了陈平的请求，任命周勃为右丞相，位居第一，任陈平为左丞相，位居第二。

一天上朝时，汉文帝问右丞相周勃：“现在一天的时间里，全国被判刑的有多少人？”周勃说不知道。文帝又问：“全国一年的钱粮有多少，收入有多少？支出有多少？”周勃对这些问题一无所知，感到十分惭愧。汉文帝看周勃答不出来，就问左丞相陈平：“陈丞相，那你说呢？”陈平不慌不忙地说：“您要想了解这些情况，我可以给您找来掌管这些事的人。”汉文帝面带愠色地说：“既然什么事都各有主管，那么丞相应该管什么呢？”

陈平不卑不亢地回答：“每个人的能力是有限的，不能事无巨细。丞相的职责，上能辅佐皇帝，下能调理万事，对外能镇抚四夷、诸侯，对内能安定百姓。丞相还要管理大臣，使每个大臣能尽到自己的责任。”陈平回答的有礼有节，汉文帝听了频频点头。

此时，站在一旁的周勃十分佩服陈平的能言善辩，心想：自己是个武夫，在辅佐皇帝和处理国政方面的才能比起陈平差远了，为了国家百姓，还是自己辞去丞相让陈平做吧。几天后，周勃称病，向汉文帝提出辞呈。汉文帝批准了周勃的辞呈，任命陈平为丞相，并不再设左丞相。在陈平的尽心辅佐下，文帝终于促成了汉朝中兴。

大多数朝代的开国元勋们都喜欢争名夺利，这也往往致使很多名臣不白而死。陈平和周勃是两位汉朝的开国元老，只为国家社稷着想，不但不计私利功名，反而相互谦让，正是我们做人的楷模。

急功近利反误事

【原文】

子夏为莒父宰，问政。子曰："无欲速，无见小利。欲速则不达；见小利则大事不成。"

——《论语·子路》

【译文】

子夏担任莒父的邑宰，向孔子问如何治理政事。孔子说：不可求速成，不可只顾小利。求速成，就达不到目标；只顾小利，就办不成大事。

守信立诚

孔子曰："无欲速，无见小利。欲速则不达，见小利则大事不成。"也就是说，为了眼前利益单纯追求速度，就可能达不到最初的目的，因而难以成就大事。

有关"欲速不达"的问题，朱熹在《论语集注》中也作了解释："欲事之速成，则急遽无序，而反不达。见小者之为利，则所就者小，而所失者大矣。"由此看来，急功近利很难成就大事。凡成大事者，一定能循序渐进，高瞻远瞩。

此外，朱熹的十六字真言也对“欲速不达”作了诠释：“宁详毋略，宁近毋远，宁下毋高，宁拙毋巧。”其中“宁拙毋巧”的意思就是宁可装作愚蠢的样子，也不能投机取巧。这个道理在经商致富中同样适用，告诫人们不要为了私利而投机倒把，否则就可能害人害己，这是违背道义的表现。因而，不管做什么事，都要按部就班，讲求章法，即《吕氏春秋》中所说：“圣人之行事，似缓而急，似迟而速，以待时。”

孔子认为，办大事要坚持两点原则，一要符合大道，二要利益众生。因为贪图小利之人，必定只有自我的私念，少有大道的追求，也一定不会得到上天的辅助与护佑，因而不能成大事。当今社会，“急功近利”的心态和“小利不舍”的贪婪往往让人失去更多，而不是得到更多。

其实贪图小便宜的人都是一些鼠目寸光的人。“君子喻于义，小人喻于利”，只有目光短浅的小人才会为了眼前的利益抛弃原则，不择手段。他们永远把金钱和现实的利益放在第一位，这样一来，必然会因小失大，损失更大的利益。

贪小便宜吃大亏，这是一个深刻的教训。一个成功的商人，不拘泥于眼前的小利益，从长远的角度考虑致富之道，才能在致富的路上走得更远。

家风故事

不贪小利仕途顺

明初，刘敏被推举为孝廉，就任中书省官员。他任楚相府录事时，中书省长官把从罪官那里没收来的女仆分给文臣家，大家都劝刘敏请求上司分配一个来侍候老母。但刘敏坚决推辞道：“侍候母亲是儿子和儿媳的事情，为什么要支配别人？”到中书省长官获罪时，中书省官员多因分配女仆而受到处罚，只有刘敏没有参与而得以幸免。朱元璋认为他贤能，便提拔他为工部侍郎，后又改任刑部侍郎。刘敏不贪小利，品性纯正，坚持道义，因而人神俱敬，仕途大昌。

贪小利祸及子孙

清朝时江阴有个俞生，乾隆末年去参加乡试。在第一场还没结束的时候，俞生便收拾好考具准备出去。邻号的考生知道他还没有答完考卷，便询问原因。

原来他父亲半生为官，弥留之际曾对兄弟四人哭诉道："我平生没做什么昧心事，只是在任县令时收受他人二千金的贿赂，冤杀了两名囚犯。昨天我被提到冥府受审，按法当斩，但因祖上有拯救溺水的功德，所以允许留下一个儿子单传，并且五世贫贱终身。我地狱之灾已经不能幸免，倘有子孙还妄想功名，就只能增加我的罪过，而且也不是孝顺！"父亲死后，俞生的几个兄弟果真相继死去，只有他还活到现在。俞生先后参加了两次乡试，每次都玷污考卷。在他刚准备正式答卷时，突见父亲揭开号帘指责说："你不能积德累功挽回天意，反而违反我的遗嘱，导致我到处奔走，而且加重罪过。"随即用手铐将蜡烛打灭，将砚台打翻，再次玷污考卷。俞生说："我三次落榜不足为恨，只心痛父亲犯了罪过还拘禁在地狱受苦！我要进山修佛，救度父亲的亡灵。"俞父收受贿赂，冤杀两条性命，严重与天道相违，故自身受苦不说，还祸及子孙。

利无独据心警之

【原文】

利无独据，运有兴衰，存畏警焉。

——《止学》

【译文】

利益不能独自占据，运气有好有坏，心存畏惧就能警醒了。

守信立诚

利益是人人欲得的，利益的获得也是常由多人之力才完成的。特别是大的利益，更需多方协调，众人同心，方能取得。这就要求在利益的分配上戒除一人独占的私心，不能见利忘义，只取不施。再说事情从来不是一帆风顺的，平日施下的恩惠，总会在危难之际发挥奇效。常言道，居安思危，在利益面前肯于割舍，才能达到有备无患。

家风故事

李勣的深谋远虑

隋末乱世，李勣跟随李密起兵，争夺天下。他谦让多礼，有功不居，替人揽过，李密十分信任他。

起初，李密和李渊表面通好，其实互为对手，钩心斗角。李密四面出击，和隋朝主力决战，李勣就为此谏言说："主公志在天下，恨不能一日便可得之，以至用兵颇多，损失严重。现在群雄林立，各怀心事，李渊表面上和主公结盟，实盼主公消损兵力，他好坐收渔利。主公时下当缓进兵，以图他日大业。"

李密为人刚愎自用，自信说："乱世争雄，惟能者占有天下。李渊畏惧，可遂我一人独据天下之心。倘若人人奋勇，广占城池，我李密何以立身呢?"

李密急于功成，猛冲猛打，结果他的军力大减，其后又被王世充打败，只好投降了李渊。

李勣随李密投到李渊门下，他知李渊虽表面上对李密十分友好，实际上心有戒备，并不信任。他日夜忧思，一日对其好友说："我等随主公请降，若不能赢得唐公信任，必无出路。"

好友深有同感，亦道："主公只知厮杀，不听谏言，致有今日之辱，再难翻身了。我等身为主公之臣，唐公何能相信我们呢？”

李勣叹息说：“主公先前所据郡县地理人口图归我掌管，如今主公既降，只能送交唐公了。我想把图先送主公，由主公转交唐公。”

好友又惊又喜，忙道：“此图十分重要，想必唐公朝思暮想。你既有图在手，何不直接交与唐公之手？如此一来，唐公必念你献图有功，大加宠信，此乃天赐良机啊。”

李勣坚持不肯自献，他解释说：“为人臣者，怎能贪占主公的功劳？此图本属主公，自该由主公进献了。”

李勣的家人也不满他的作为，怪他说：“现在人人思图建功，只恨无门，李密已无权无势，自身难保，而你却把这天大的功劳让给他，对你有什么好处呢？”

李勣微微一笑，小心说：“我这样做才有最大的好处啊。我等初降，若是直送此图，唐公必认为我是背主求荣之徒，又焉能重用于我？何况好处应该让出一些，以增人望，这也是最重要的获益之道啊。”

李勣派人当着李渊的面把图献给李密，且高声说：“主公决心归顺，李勣马上将图送来交予主公。李勣不敢自献，否则就是自为己功、以邀富贵的小人之辈了。”

李密心头一热，李渊在旁也深为感动，他后来重用李勣，还对人说：“李勣尽忠故主，不贪人功，只有忠臣才可做到。”

李密降唐后心有不甘，不久又反，被李渊杀死。李密的故臣人人惊恐，不敢多言。李勣此时却上书说：“李密不忠，人神共愤，其死乃应得之惩。不过我身为他的旧属，实不忍心让他弃尸荒野。若唐公允我收葬李密，只会增添唐公的高风亮节，彰显唐公的大仁大义，而又可成全我的念旧之心。”

此书上奏，李勣家人惊恐万分，哭嚎一片，李勣却安慰他们说：“人在难处，方显仁义之德，唐公明理，他怎会怪我好义之心呢？我正因小心行事，才以此举让唐公放心呐。”

李渊见书感慨，愈加把李勣看成是难得的忠臣，答应了他的请求。朝野之士也由此敬重李勣，公推他为至仁至义的君子。

重义轻利真君子

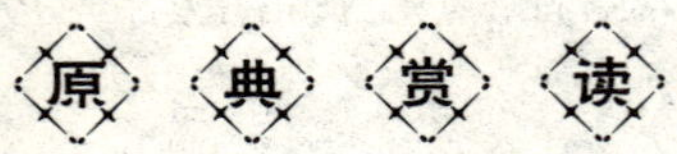

【原文】

君子重义轻利，小人嗜利远信，利御小人而莫御君子矣。

——《止学》

【译文】

君子重视道义而轻视利益，小人贪恋利益而远离信用，利益可以驱使小人而不能驱使君子。

守信立诚

大千世界，芸芸众生，生物有链，人有情。那个大写的“义”字，通常靠这个被看轻的“利”字来体现，捐利则义，大捐则大义，辩证法在这种时刻，也显得不那么有力甚至有些滑稽。义，是一种特别的宽容：给他们以良心发现的时间和空间。

中国正在处在深化改革开放和社会主义现代化建设的新时期，有一个很重要的理念，就是利润、利益和利税等和经济增长挂钩的强调，这是我们每个公民和每个企业不可忽视的关键所在。没有它们，就谈不上国家强大。而如果仅仅是它，我们就不能奢谈民族复兴。如是,国家强大与民族复兴，仍然没有离开政治经济学的理论框架，其实，还是千百年来我们争论不休的义与利的范畴。

俗话说，“香饵之下，必有死鱼。”贪图利益而不问是非、不知轻重的人，常常要付出血的代价。利益作为一种御人的利器，从来只对小人才会产生真正的效应，而真正的君子纵是贫贱孤危，也不会为其所用。正所谓天下没有白吃的午餐，屈从于利益的人，势必要受制于人和事；对利益的过分偏爱，只能使自己丧失立场和原则，做出有违道义的事情，害人害己。

家风故事

宋清重义轻利

宋清是长安城里一位人人皆知的药商。他待人仁厚，买卖实在，所以远近闻名。

卖药材的都知道宋清的人品好，价格合理，所以采药人都争先恐后到他那里卖药。他配的药又从没有出过一点儿差错，人们都很信任他，来他这儿买药的人自然就很多。

有时病人无钱付账，宋清总是说："治病救人要紧。钱什么时候有，再送来就是了。"有的人药费拖了一年，仍无钱付账，宋清也从不上门讨账，每到年底，宋清总要烧掉一些还不起的欠条。

有人对此颇不理解，说："宋清这人一定是脑袋有问题，否则怎么会办那样的傻事?"

宋清却说："我并不傻，卖药40多年，我总共烧掉别人的欠据数不清了，这些人并非是为了赖账，有的人后来当了官，发了财，没有欠据，他照样不忘当初，会加倍地送钱来还我的，真正不能还的毕竟是少数。而且人们是对你信任，才会有事来找你，而不找别人，这是多少钱都买不来的友情。"

宋清善良忠厚，轻利重义，以德取信于人，赢得了人们的信任和敬重，他的生意也就随之越做越大，成了有名的富商。像这样重义轻利的故事在古代可以说比比皆是，而反观现在，现实中很多人重利忘义、为了私利随意坑蒙拐骗，甚至不惜去伤害他人，却不知真正损失的是自己的德行和福分，真是可怜又可悲。

瘦羊博士甄宇

东汉光武帝建武年间，有位太学博士名叫甄宇，今山东安丘人。他清心寡欲，为人忠厚，遇事谦让。当时，每到年末，皇帝都要下诏赐给太学博士们每人一头羊。但是这些羊有大有小，肥瘦不均，主管此事的官员不知如何分配才好，十分为难，于是便提议把羊都杀了分羊肉，或者采取抓阄的办法。

甄宇知道后感到非常羞耻，便自己上前去要了一头最瘦小的羊。众人见后都感到很惭愧，从此再没有为此事而发生过争执。

光武帝得知此事后，对甄宇甚为欣赏，有一次在朝堂之上问道："那位'瘦羊博士'现在在哪里？"从此甄宇便有了"瘦羊博士"的雅号，为朝野所称颂。因为甄宇德才兼备，很快他就被推举为太子少傅。

在是非利益面前，能够心甘情愿的吃亏，以计较利益为耻辱，克己让人，这是一种美德和修养，只有志行高洁的君子才能做到。后人用"瘦羊博士"来赞美那些能够克己让人的人。然而今天的有些人，哪怕是蝇头小利都要争持不下，在利益面前损失一点就痛苦的不行，相比之下，哪一种人活得更洒脱呢？

不要被利益迷惑

【原文】

惑人者无逾利也。

——《止学》

【译文】

迷惑人的东西没有超过利益的了。

守信立诚

在利益面前，人们总是不肯退让的。利益可以驱使人们做出自己都意想不到的事来，甚至以身试险，不择手段。对利益的追求无可厚非，问题是如果偏离了正常轨道，只是就利言利，见利就争，什么利都想占为己有，势必会违法乱纪，多树强敌，使自己陷于孤立和有罪的泥潭，不能自拔。在利的诱惑下，人们如果丧失理智，心存贪念，就会步步走向黑暗的深渊。

家风故事

申屠蟠明哲保身

东汉的隐士申屠蟠少时家贫，受人雇用做了漆工。他辛劳之余，刻苦读书，从不间断。同郡人蔡邕对申屠蟠十分看重，州府征召时，他便极力推荐申屠蟠，上书说："俗人为小利奔忙，看似聪明，却无大志，于国并无帮助。申屠蟠少小志大，即使身陷困境，亦能发愤苦读，可见他乃不俗之人。父亲去世，申屠蟠孝心动天，几乎毁形灭身。他体察道理，保持自然本性，不因外界变化而改变自己的形体，也不因穷困和显达而改变自己的节操，这绝不是一般人所能做到的。"

朝廷征召申屠蟠做陈留郡的主簿，他的亲友闻讯都来向他表示祝贺。申屠蟠热情招待众人，并对他们说："为朝廷做事，本来是每个臣民应尽的责任。我自愧德识不够，担不起大的责任，所以我是不想应召赴任的。"

此话令他的亲友大惊失色，他们纷纷劝他，有的还责备他说："征召为官，这是多少人羡慕的事啊，你怎会轻易放弃呢？一为官吏，身份立变，利益也多了，这是无论如何都不该推辞的。你读书修习，苦熬多年，还不就是为了这一天吗？"

申屠蟠避开众人，索性隐居起来，研习《五经》和图谶之学。他的好友一次和他恳谈，旧事重提，申屠蟠意味深长地说："我看天下已有乱象，朝廷又是昏暗迂腐，这才醉心治学，以避其祸。人们只见当官为吏的好处，却不知身处官场的风险，他们怎会理解我呢？从古到今，不明晓这一点的人，又有几个能保全自己呢？我不便当众说明，只怕他们的误解永难消除了。”

太尉黄琼征召申屠蟠到京师做官，他一口回绝。黄琼去世后，遗体被运回江夏郡埋藏，申屠蟠却不请自来，以表敬意。当时参加丧礼的名豪富绅有六七千人之多，只有南郡的一个儒生和他攀谈。他和那个儒生分手的时候，儒生却说：“你没有接受聘请，竟来此祭吊太尉，让我们有缘相会，希望下次还能见到你。”

申屠蟠闻言色变，马上说：“我不屑与俗人交往，这才和你交接。想不到你貌似不俗，却也是个拘于礼教、喜欢攀附权贵的人？”

他从此再也没和那人说话，他就此对家人感慨地说：“利能让人迷失本性，实在是害人的东西。人们都想捞取实惠，却不知不觉把自己的人格和尊严都赔进去了，到头来他们又能得到什么呢？我真是无法理解啊。”

在京师游学的汝南郡人范滂非议朝政，名声很大，一时人人效仿。很多公卿不惜降低身份居于他的门下，太学生对他也极为崇拜。有人就此事对申屠蟠说：“时下崇尚学问，文章将兴，先生何不仿效范滂呢？这是有百利而无一弊的好事，切不可错过。”

听罢此言，申屠蟠却哀声一叹。他目光向天，缓缓道：“今日之利，未必是他日之福。目光短浅，随波逐流，又怎保无失无损呢？战国时代，文士议论无忌，争鸣不断，各国君王为己之利，恭敬待之。最后，坑杀儒生、焚烧书籍的祸患却发生了。依我看来，这样的事不久就要重演了。”

人们都笑他不识时务，出口相讥。申屠蟠于是隐居在梁国砀县一带。两年之后，范滂等人纷纷遭祸，被处死和下狱的人有几百人之多，人们不禁对申屠蟠的先见之明深表叹服。

义利相济，义然后取

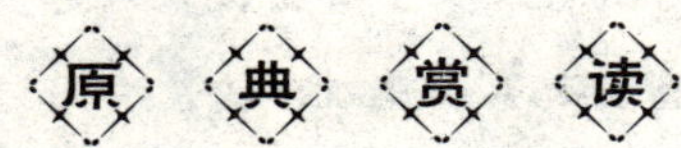
原典赏读

【原文】

子曰：贫而无怨难；富而无骄易。

——《论语·宪问》

【译文】

孔子说：贫穷却没有怨言，很难；富贵却不骄傲，这倒比较容易。

守信立诚

孔子认为求取财富的重要原则就是符合“义”，违背这条原则获取财富的手段是不足取的，同时也表明其于清贫生涯甘之如饴、安贫乐道的生活态度。但孔子并非鄙视财富，他认为追求财富是人的本性：“富与贵，人之所欲也。”他只是强调了求取财富的正义性。

在当今的物质横流的社会中，很多“富”而不“贵”。真正的“富贵”在于“取之有道，用之有道，用之有度”。人生苦短，比金钱更贵重的东西多得很，例如精神、事业、情义、荣誉、智慧、健康，等等，这些都不是金钱所能量化和买到的，不能轻重倒置。所以，我们应该通过正义的手段获得财富，让社会更好、更进步、更多的人受到关怀。你的贵是从你的行为而来。因此古人常说，“贵为天子，未必是贵”“贱如匹夫，不为贱也”。你为别人服务了多少，你就拥有多少财富。正如马云所说，一个人脑子里想的都是钱，就永远不会成功，只有一个人想着去帮助别人，为社会创造财富的时候，才是真正的成功。

富贵，不是每个人都能达到的，富贵者也未必就终生能安享富贵。斗转星移，世事无常，贫富并非永恒不变，而是处于一种交替更迭之中。“陋室空堂，当年笏满床；衰草枯杨，曾为歌舞场”“昨怜破袄寒，今嫌紫蟒长”(《红楼梦·好了歌注》)，这种由富贵而贫穷，由贫穷而富贵的交替，上演过无数次的悲欢离合。拿破仑曾拥有许多人梦寐以求的一切——荣耀、权力、财富，而他却说：“我这一生没有过一天快乐的日子。”而海伦又聋又哑又瞎，她却表示：“我发现生命是这样的美好。”这又反映了有金钱未必好，而没有金钱却也一样快乐。所以，对于贫穷与富贵都要有正确的态度去看待——贫富都作等闲看。

家风故事

子贡问贫富之道

在孔子的弟子中，子贡是最有钱的，年纪轻轻就在商界崭露头角。而且他在政治、外交等方面都表现出了非凡的才能。

有一次子贡问孔子：“贫而无谄，富而无骄，何如？”意思是，人在穷困潦倒的时候，依然不失其志，不谄媚，不低头。即使发财了，也不飞扬跋扈，得意忘形，怎么样？言语间有几分自诩，似乎以为自己的修养达到这一步就不错了，心想必定会得到老师的赞美。没想到孔子只是轻描淡写地说：“可也，未若贫而乐，富而好礼也。”也就是说，你所说的只不过刚及格。一个人真正做到了贫而不谄算不了什么，真正的贤人应该是安贫乐道之人。富而不骄也不难做到，难得的是富而好礼，谦虚求进，不断完善自我修养。听了孔子的话，子贡感到很羞愧。

颜回安贫乐道

孔子有教无类，收徒弟不问贫富，只要肯学，他都招进门里。颜回初见孔子时，不过是个十岁多的孩子，他个子矮小，衣着简陋，面黄肌瘦，但额头却出奇的高，向前凸起，双眼深凹，炯炯有神。他向孔子磕头施礼，就算成了孔门弟子了。

初见时，颜回并没有给孔子留下很深的印象。后来，孔子渐渐发现，弟子之中读书最用功的就是颜回，他很少提问，只是瞪着一双大眼饥渴地听孔子讲经授业。

放学后，颜回总是最后一个走，饭后又第一个来到学堂，然后就捧卷诵读。时间长了，孔子就觉得奇怪了，于是派人偷偷跟随颜回，看个究竟。

原来，颜回家住东关的贫民区。平时，颜回的父亲在城外种地，不回家吃饭；颜回的母亲又在外给人帮工，也不回家吃饭。这样，颜母每天走时给儿子做一锅菜汤。颜回回到家也不管凉热，拿起竹筒做成的饭碗，舀出菜汤就津津有味地吃起来，有时菜汤喝不饱，他就跑到井边，用水瓢舀几瓢水喝，然后拍拍胀起的肚皮，乐滋滋地拿上书包，往学堂跑去。

孔子派人观察了几天，天天如此。孔子听了汇报对他非常怜悯，又十分叹服。于是说："一箪食，一瓢饮，居陋巷，人不堪忧，回也不改其乐，贤哉回也。"

利益应当取舍之

【原文】

利无求弗获，德无施不积。

——《止学》

【译文】

利益不追求，就不能获得；仁德不施舍，就不能积累。

守信立诚

金钱并不是唯一能够满足心灵的东西，虽然它能为心灵的满足提供多种手段和工具，但在现实生活中，人不能只顾享受金钱而不去享受生活。

享受金钱只能让自己早日堕落，而享受生活却能够使自己不断品尝人生的幸福。享受金钱会使自己的心智被金钱束缚住，从而整天为金钱所困惑，为金钱而痛苦，生活便会沦为围绕一张钞票而上演的闹剧。懂得享受生活的人则不在乎自己有多少金钱，多可以过，少一样可以过，问题在于自己能够处处感悟到生活。懂得享受生活的人会感觉人生是无限美好的，于是越活越有劲。

利益的取舍，折射出人们的思想境界和见识高低，也从根本上决定了一个人的发展前途和事业成败。在庸俗者眼中，仁德是不值分文的，名声也是可有可无之物。为此，他们只重实惠，不计其他，更不愿有让利之举。事实上，明智之人的作为既能惠人，又可惠己，仁德往往是最大的利益。它给人带来的好处是其他事物无法相比的，在这方面不占有，当是最大的憾事和失策。

家风故事

包咸宠辱不惊

东汉末年，包咸在长安拜博士右师细君为师，学习《鲁诗》和《论语》。一次，他与人为学术上的事争辩不休，他的恩师便对他说："为人要有理有节，有进有退，治学也是如此。你得理不饶人，凡事都要辩个是非曲直，这本身就有失教化的大道。如能恭敬对人对事，不但让人心悦诚服，更能多积人望，感化天下，这不是最大的收益吗？"

包咸思之再三，依道而行，果如恩师所言，他的名望日有所增。

王莽当政末年，包咸在返家途中被赤眉军抓获，扣留在军营之中。和包咸关在一处的有很多人，他们吵吵闹闹，连呼冤枉。包咸便对他们说："我们身陷险境，本应该镇定自如，伺机脱身，可是你们只知哭闹，方寸皆乱，又有何益?”

其他人听包咸如此说法，十分愤恨，他们大骂包咸，还痛打他一顿。

包咸并不怨恨他们，一待夜深人静，他又开导他们说：“我们身入虎口，危在旦夕，如果只想活命，放肆胡为，反让贼人愈加轻视我们，结果会更加对己不利。”

那些人又出言喝止，包咸无奈，只好作罢。

包咸身在难中，从早到晚，仍是诵读经书不倦，一如平常。赤眉军的一个头领见他态度从容，深以为怪，于是单独审问他说：“你死到临头，为何还要读那些无用的书呢?”

包咸笑着回答说：“有用与无用，岂能由人而定?诗书乃读书人的宝物，书中所言俱是圣人的教诲，你们也许视之无用，而我却视之逾命。”

那个头领心头一震，口中却说：“我不读诗书，而你的生死却掌握在我的手中，只要你说一句求饶的话，我就放了你。”

包咸凛然道：“我本无罪过，如若贪生怕死，媚人下贱，真是玷污了读书人的神圣身份，这不是我所能做到的。”

这头领对他十分敬佩，最后竟放了他，而和他关在一起的其他人却无一生还。

光武帝刘秀登基后，听闻包咸的仁德，便征召他入朝为官。他初入官场，因不肯趋炎附势，屡遭别人打击和诬陷。正直之士对他深表同情，于是有人就对他说：“你重仁重义，这是君子的美德。不过既在朝为官，也该有所变通才好。”

包咸谢过，却坚持说：“我一介书生，得蒙皇上厚爱，敢不誓死报效皇恩?朝廷风气败坏，多讲权术，人人只谋私利，就让我一人有所不同吧。”

一次有友人替包咸运作升迁之事，包咸知道后却极力阻止，他的朋友便生气地说：“你只知苦干，不晓官场之道，这对你并无好处。我好心帮你，谁知你竟迂腐至此，你会后悔的。”

包咸满脸赔笑，解释道：“仁德乃我毕生所求，此为大也，焉能为了求一官职而一旦尽失?你意为善，却不知我的志向啊。”

包咸的卓然不群，渐渐为光武帝所注目，他让包咸当了皇太子的老师，教授《论语》。当群臣就此议论惊怪时，光武帝在朝堂上对群臣解释说："不争不显，宠辱不惊，说得容易，又有几人能真正做得到呢？包咸不求私利，品行端正，这样的人不重用提拔，岂不是让天下君子寒心？由他教导太子，朕才放心啊。"

包咸高风大德，在人所侧目之时，仍能保持本色。汉明帝继位后，见自己的恩师生活清苦，便常常格外赏赐给他珍宝财物，他的俸禄也高于其他大臣。包咸常施舍救济贫穷的儒生，乐此不疲，还告诫他们说："利益不是靠攫取所能得到的，只有仁德才是做人成事之本，其利大焉。"

见素抱朴少私欲

【原文】

见素抱朴，少私寡欲。

——《老子·十九章》

【译文】

要坚守朴素，减少私心和欲望。

守信立诚

在对待人的欲望这个问题上，道家和儒家一样，都提倡"少私寡欲"。当然，如果人类社会真能以"少私寡欲"作为主流生活态度的话，天下自然太平；如果一个人能一辈子拥有这样的修养，便是最大的幸福。

能否节制私欲直接关系到人品的污洁和事业的成败。"人只一念贪私，便销刚为柔，塞智为昏，变恩为惨，染洁为污，坏了一生人品。故古人以不贪为宝，所以度越一世。"这就是说，一个人只要心中出现一点贪婪和私心杂念，他本来的刚直性格就会变得懦弱，聪明就会变得昏庸，慈悲就会变得残酷。正因为如此，古今中外的贪官都是在受贿之后，变成被行贿者摆布的可怜虫，落得个可怜的下场。

不节制私欲，过于贪心，必然为私欲所害。小则伤自己，大则因小利而失掉国家。

贪欲是个无情之物，看得越重，他害你越大，因此，若想自己快乐，终享一生，那就要自珍自爱自重，不损人利己，不损公肥私，唯有如此，才能睡得踏实，活得轻松。

家风故事

人心不足蛇吞象

相传宋仁年间，深泽某村，一家人只有母子两个人，母亲年迈多病，不能干活，日子过得很清贫。儿子王妄，三十岁，靠卖草来维持生活。

有一天，王妄照旧到村北去拔草，忽然发现草丛里有一条七寸多长的花斑蛇，浑身是伤，动弹不得，于是王妄就把它带回家，和母亲悉心地照料。蛇伤逐渐痊愈。在以后的日子里，王妄照样打草，母亲依旧守家，小蛇整天在篓里。忽一天，小蛇爬到院子里晒太阳，被阳光一照变得又粗又长，王妄的老娘当场就被吓晕了。等王妄回来，蛇已回到屋里，恢复了原形，蛇着急地说："我今天失礼了，把你的母亲给吓晕过去了，你赶快从我身上取下三块小皮，再弄些野草，放在锅里煎熬成汤，让娘喝下去就会好。"王妄说："不行，这样会伤害你的身体，还是想别的办法吧!"花斑蛇催促地说："不要紧，你快点，我能顶得住。"王妄只好流着眼泪照办了。母亲喝下汤后，果然苏醒了过来，母子俩又感激又纳闷，但是王妄一回想每天晚上蛇篓里放金光的情形，就觉得这条蛇非同一般。

后来，宋仁宗觉得宫里的生活没有乐趣，就想要一颗夜明珠玩玩。他派人张贴告示，谁能献上一颗，就封官受赏。王妄得知这个消息后，回家对蛇一说，蛇沉思了一会儿说："这几年来你对我很好，而且有救命之恩，总想报答，可一直没机会，现在总算能为你做点事了。实话告诉你，我的双眼就是两颗夜明珠，你将我的一只眼挖出来，献给皇帝，就可以升官发财，老母也就能安度晚年了。”王妄听后非常高兴，便挖了蛇的一只眼睛。第二天到京城，他把宝珠献给了皇帝，满朝文武无不交口称赞，皇帝非常高兴，封王妄为大官，并赏了他很多金银财宝。

皇上看到宝珠后，很喜欢，占为己有，西宫娘娘见了，也想要一颗。宋仁宗再次下令寻找宝珠，并说把丞相的位子留给第二个献宝的人。王妄贪心地想，我把蛇的第二只眼睛弄来献上，那丞相之位不就是我的了吗？于是到皇上面前说自己还能找到一颗，皇上高兴地把丞相位子给了他。可万万没想到，王妄的卫士去取第二只眼睛时，蛇怎么都不答应，说非见王妄才行，王妄只好亲自来见蛇。蛇见了王妄直言劝道：“我为了报答你，已经献出了一只眼睛，你也升了官，发了财，就别再要我的第二只眼睛了。人不可贪心。”王妄早已官迷心窍，哪里听得进去，他说：“我不就是想当丞相吗？你不给我怎么能当上呢？而且皇上已经把官给我了，你就答应我吧!”蛇见他如此贪心，就气急败坏地说：“那好吧！你拿刀子去吧！不过，你要把我放到院子里再去取。”就在王妄转身取刀子的时候，蛇身已变成如大梁一般，一口就吞下了这个贪婪的人。

参考文献

[1]栾传大．诚信[M]．长春：吉林文史出版社，2014.

[2]刘玉瑛，赵长芬．诚信建设读本[M]．北京：中国人事出版社，2014.

[3] 李松．诚信：中国社会的第一项修炼[M]．北京：新华出版社，2013.

[4] 《经典读库》编委会．中华家训传世经典[M]．南京：江苏美术出版社，2013.

[5] 冯自勇．朱柏庐先生家训[M]．天津：天津大学出版社，2013.

[6] 靳丽华．颜氏家训[M]．北京：中国华侨出版社，2012.

[7] 朱明勋．中国古代家训经典导读[M]．北京：中国书籍出版社，2012.

[8] 李沫薇．重信守义的故事[M]．长春：吉林人民出版社，2012.

[9] 李彗生．义的系列故事[M]．成都：四川大学出版社，2012.

[10] 李超．有情有义的感恩故事[M]．合肥：安徽文艺出版社，2012.

[11] 檀作文．颜氏家训[M]．北京：中华书局，2011.

[12] 杨冰，黄丰文．有什么比诚信更重要[M]．长春：吉林大学出版社，2011.

[13] 湘子．增广贤文·弟子规·朱子家训[M]．长沙：岳麓书社，2011.

[14] 张铁成．曾国藩家训大全集[M]．北京：新世界出版社，2011.

[15] 陈才俊．中国家训精粹[M]．北京：海潮出版社，2011.

[16] 冯海涛．道德经智慧日用贯通[M]．北京：中国纺织出版社，2011.

[17] 朱德威．诚信：值得坚守一生的承诺[M]．广州：广东教育出版社，2010.

[18] 刘光明．诚信决定命运[M]．北京：经济管理出版社，2009.

[19] 丹明子．道德经的智慧[M]．北京：华夏出版社，2009.

后记

一个家庭或家族的家风要正，首先要注重以德立家、以德治家。其次还要书香不绝，坚持走文化兴家、读书树人之路。习近平总书记谈到自己的经历时，曾经多次谈及自己的淳朴家风。从某种意义上说，正是因为家风家教的缺失，一些人走上社会之后容易失去底线，做出一些违背道德、法律的事情，导致家风缺失、世风日下。现在重提“家风”，是有积极现实意义的。这是一种文化的回归，是一种历史智慧的挖掘与重建。

端正家风，弘扬传统教育文化，传承优秀的治家处世之道，正是我们策划本套书的意图所在。

本套书从历代各朝林林总总的家训里，摘取一些能够表现中国文化特点并且对于今天颇有启发意义的格言家训，试做现代解释，与读者共同品味，陶冶性情。

在本套书编写过程中，得到了北京大学文学系的众多老师、教授的大力支持，安徽师范大学文学院多位教授、博士尽心编写，在设计现场给予

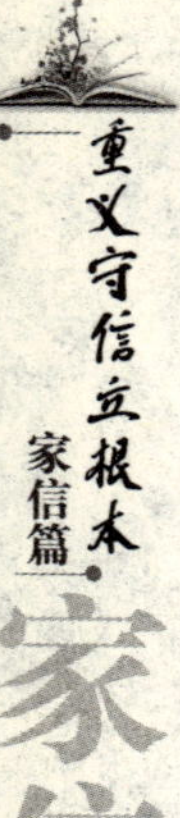

指导，在此表示衷心的感谢！尤其要特别感谢安徽省濉溪中学的一级教师田勇先生在本套书编写、审校过程中给予的辛苦付出和大力支持！

本套书在编写过程中，参考引用了诸多专家、学者的著作和文献资料，谨对这些资料、著作的作者表示衷心的感谢！有些资料因为无法一一联系作者，希望相关作者来电来函洽谈有关资料稿酬事宜，我们将按相关标准给予支付。

联系人：姜正成

邮　箱：945767063@qq.com